基于秘密分享的信息安全协议

刘忆宁 著

西安电子科技大学出版社

内 容 简 介

　　本书主要介绍基于秘密分享的信息安全协议。本书研究的安全协议包括：安全群组通信、微支付协议、电子彩票协议、互联网彩票协议、电子投票协议以及智能电网中的轻量级通信协议等。书中部分章节的内容已经过同行的严格审查，部分内容曾发表在 IEEE Transactions on Computers，Security and Communication Networks，International Journal of Communication Systems 等期刊，部分章节的内容未曾公开发表过。

　　本书适合通信及信息安全、应用数学等专业高年级本科生和低年级研究生使用。

作者简介：

刘忆宁，男，1973年11月生，博士，副教授。

1995年毕业于解放军信息工程学院应用数学系，分配至61726部队从事信息安全研究工作。2002年转业，先后在中国地质大学（武汉）、桂林电子科技大学从事信息安全教学科研工作，其间于2003年在华中科技大学获得计算机软件与理论硕士学位，2007年在湖北大学获得基础数学博士学位。

近年来，主要研究基于秘密分享的信息安全协议，包括：群组通信安全协议、电子投票协议以及智能电网中的安全通信协议等，部分成果发表于IEEE Transactions on Computers，Security and Communication Networks，International Journal of Communication Systems，International Journal of Computer Mathematics 等 SCI 期刊。

本专著由国家自然科学基金（61363069）、广西自然科学基金（2014GXNSFAA118364）、广西高等学校高水平创新团队及卓越学者计划、桂林电子科技大学创新团队资助出版。

前 言

　　近年来，随着网络技术的发展，网络数据的安全性遭受到了严重的威胁。为了保障数据的安全性和可靠性，提高信息系统的效率，信息安全协议相关领域的研究工作得到了前所未有的重视，这既是机遇又是挑战。

　　信息安全协议对于保障信息系统的安全高效运行具有重要的作用。不同的信息系统对于安全的需求程度也不尽相同，有的协议希望实现具有信息理论意义上的安全性，比如电子投票协议；有的对效率性要求更高，比如微支付协议，即使安全性保障的程度有所降低，但如果能换取更低的通信、存储及计算负担，则也可接受，也更能符合现实的需求；又比如，在电子彩票协议中，则希望能保障所有方同等作用的参与，并且以技术手段实现参与者的可追踪性的验证，从而阻止可能的合谋攻击行为；再比如智能电网协议中，需要考虑双向通信的不均衡问题，即用户端向调度者持续发送实时数据(称为高频数据)，而调度者则根据实时数据向用户端发送调度指令(显然调度指令的频次要远少于前者，被称为低频数据)。在信息系统的运行中，如何保证数据的高效安全传输，是值得研究的内容。

　　为了实现信息系统的安全性，本书以 Shamir 的秘密分享为基础，设计了一系列的安全协议。以 Shamir 秘密分享为基础的原因主要有两点：一是简单高效，二是具有信息理论意义上的安全性。

　　本人一直都从事密码分析与破译、信息安全教学与科研等方面的工作，积累了一定的经验，也有过不少关于失败的切身体会。本书的内容，是对过去数年研究工作的小结，部分内容已经得到业内同行的认可，也有部分内容是最新的研究成果。回头看，还是觉得受益颇多，惟愿与志同者分享。

　　值本书出版之际，感谢各位前辈，尤其是美国密苏里大学韩亮(Lein Harn)教授、台湾逢甲大学张真诚(Chin chen Chang)教授、澳大利亚卧龙岗大学穆怡(Yi Mu)教授，对本人研究工作的悉心指点与提携，也感谢各位业内同行的关心与支持。

　　限于时间和篇幅，书中若有不妥之处，恳请同行和读者给予批评和指正。

著　者

2015 年 3 月

❄❄❄ 目　　录 ❄❄❄

第 1 章　引言 ……………………………………………………………… 1

第 2 章　密码学基础 ……………………………………………………… 6

2.1　理论安全与计算安全 ………………………………………………… 6

2.2　Shamir 秘密分享 ……………………………………………………… 7

2.3　Pedersen 承诺 ………………………………………………………… 8

2.4　可验证随机数 ………………………………………………………… 9

2.5　零知识证明 …………………………………………………………… 11

2.6　盲签名 ………………………………………………………………… 13

2.7　茫然传输协议 ………………………………………………………… 14

第 3 章　群组通信中的密钥分发 ……………………………………… 16

3.1　研究背景 ……………………………………………………………… 16

3.2　可认证的群组密钥分发协议 ………………………………………… 17

3.3　安全性分析 …………………………………………………………… 19

第 4 章　具有公平性的轻量级微支付协议 …………………………… 24

4.1　研究背景 ……………………………………………………………… 24

4.2　Micali - Rivest 方案及安全性分析 ………………………………… 26

4.3　具有公平性且轻量级的微支付协议 ………………………………… 29

4.4　安全性分析 …………………………………………………………… 32

第 5 章　抗合谋攻击的电子彩票协议 ………………………………… 35

5.1　研究背景 ……………………………………………………………… 35

5.2　Lee - Chang 方案 …………………………………………………… 37

5.3　Lee - Chang 方案的安全分析 ……………………………………… 39

5.4　基于 VRN 的电子彩票协议 ………………………………………… 40

5.5 安全性分析 ·· 43

第 6 章 基于茫然传输的互联网彩票协议 ·············· 46

6.1 基于 OT 的可追踪的互联网彩票协议 ·············· 46

6.2 安全性分析 ·· 49

第 7 章 抵抗侧信道攻击的电子投票协议 ·············· 52

7.1 研究背景 ·· 52

7.2 信任假设 ·· 55

7.3 改进的 Bingo Voting 协议 ····························· 57

7.4 安全性分析 ·· 66

第 8 章 智能电网中的轻量级通信协议 ················ 71

8.1 研究背景 ·· 71

8.2 研究目的 ·· 74

8.3 基础知识 ·· 76

8.4 LAC 协议 ·· 77

8.5 安全分析 ·· 82

8.6 复杂度分析 ·· 84

第 9 章 总结与下一步计划 ··························· 90

参考文献 ·· 91

第 1 章 引 言

随着互联网技术的发展，大量的敏感信息通过各种网络进行传输。同时，由于网络的开放性，使得互联网上存在大量的攻击行为。在享用互联网便利性的同时，实现信息的安全保护，是一项重要的研究内容。除了制订完善的规章制度，做好物理防护措施外，使用密码学相关知识实现技术层面的安全防护，也是有价值的工作。

面对各种攻击行为，如非法访问、信息泄露、篡改、毁坏等，信息系统致力于实现机密性、完整性、可靠性、认证性等目标。机密性指防止未经授权的用户用非常规手段获取相关信息；完整性指非法用户不能随意篡改传输的数据，如果完整性受到破坏，信息的合法接收者可以检测得到；可靠性指用于存储、处理数据的系统具有一定的抗干扰破坏的能力，数据的传输系统在受到一定程度的干扰甚至破坏时，也能够正常地运行；而认证性通常用来保证参与信息接收及传送的个体是被授权的。

由于信息系统的使用遍及各个行业，使得一些网络系统对协议的安全性提出了更为独特的要求。比如，在基于移动终端的网络系统中，通常会要求移动终端执行的运算是轻量级的。另外，考虑到通信传输对于移动终端的电量消耗较大，移动终端的通信传输负担也应该尽量小。而在基于互联网的彩票协议中，公平性的要求更为显著，通常会要求协议的所有参与者能够验证结果的公平性，即可以实现协议的可追踪性，这对协议的设计是一个挑战。再比如，对于电子投票协议来说，仅实现计算意义上的安全性是不够的，还应该实现信息理论意义上的安全性。这是因为，在关系政治大局的选举活动中，投票的内容要求长期保密，而计算安全性有可能随着敌手计算能力的增强而影响已有选票内容的安全性。而且电子投票协议通常还要求满足两个看似矛盾的安全目标：在保证投票者可验证性的同时，又要保证投票者无法向他人证明自己的选票内容，即抗胁迫性。除了一些物理措施外，为了实现这些安全目标，通常使用密码技术，如加解密、数据签名以及散列函数等来保证系统的安全性。

信息安全协议通常是一系列的规范和流程，规定先做什么再做什么，每一个步骤使用不同的密码技术来实施，也可以说，安全协议是针对特定使用环境、基于密码算法的操作规范。密码算法的安全并不一定保证安全协议的安全，除了使用方法的不规范之外，协议本身的漏洞也是较为常见的。这种现象有点类似于广为使用的操作系统，只有在广泛使用中才能发现较多的安全漏洞，并及时给予修正。通信系统中的安全协议对于保证通信传输的安全具有重要的作用。通常情况下，密钥建立协议、身份认证协议、消息认证码以及各种应用层的安全协议，都被广泛地研究和应用。

本书研究了基于 Shamir 的秘密分享的安全协议，包括群组通信中的密钥分发协议、微支付协议、可追踪的电子彩票协议、可抵抗侧信道攻击的电子投票协议以及面向智能电网的轻量级通信协议。选用 Shamir 的秘密分享作为安全协议的基础,是基于它的两个特点:信息理论意义上的安全性和轻量级的计算复杂度。

图 1.1 给出了本书研究的基础、拟实现的安全目标以及具体的安全协议。

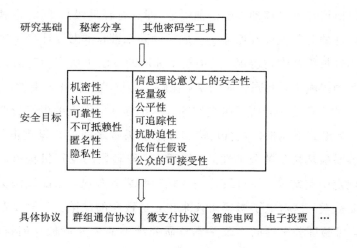

图 1.1　本书研究内容框架

本书具体内容安排如下:

第 2 章介绍了与本书研究内容直接相关的密码学知识,包括 Shamir 秘密分享理论、基于离散对数的 Pedersen 承诺、基于 Pedersen 的零知识证明以及可验证随机数构造等内容。

第 3 章首先介绍了 2010 年 Lein Harn 等人设计的群组通信中的密钥分发协议,指出其不能抵抗内部人攻击,并给出了攻击的实例；然后给出了改进的群组通信中的密钥分发协议，该协议可抵抗来自内部或外部的人为攻击，即群组通信成员可以恢复出会话密钥但无法得知其他成员与密钥管理中心的长期秘密，群组之外的成员既无法得到群组的会话密钥，也无法得知合法群组成员与密钥管理中心的共享秘密。

第 4 章首先介绍了 Micali 和 Rivest 的基于概率抽取的微支付协议，并指出了其不适用于移动互联网环境的原因。为了使微支付协议在满足移动终端的前提下（即具有轻量级），同时也满足可验证的公平性以及保障协议成员的隐私性，本书设计出了改良版的轻量级微支付协议，其中概率抽取的算法由所有参与者发挥同等的影响力，共同生成结果，保障了协议的可验证公平性。

第 5 章首先分析了张真诚等人给出的互联网上的电子彩票协议，指出其不能抵抗发行机构和彩票购买者之间的合谋攻击，而这容易破坏协议的公平性。具体而言，即彩票的发行机构可以预先设定中奖结果，并与最后一名彩票购买者合谋，保证该购买者总是获奖，这对电子彩票协议来说，是致命的缺陷。与第 4 章类似，可验证公平性的实现是本章研究结果的主要贡献与创新点，其有效地阻止了发行机构与恶意购买者之间的合谋攻击。

第 6 章借鉴穆怡教授茫然传输协议的设计思想，设计了基于拉格朗日插值多项式以及盲签名的电子彩票协议。协议的主要特点是保障彩票的购买者可追踪自己的参与是否被融入了中奖数字的生成，从而避免各种合谋攻击的可能。

第 7 章主要研究基于 Bingo Voting 的电子投票协议。针对 Bingo Voting 不能抵抗来自恶意投票者侧信道攻击的缺陷，本书给出了相应的改进方案，使投票者不具有比旁观者更多的信息量，以阻止侧信道攻击。

第 8 章设计了轻量级且可认证的通信方案，以保证智能电网中实时采集的数据和指挥中心的指令能够安全地双向传输。与其他论文中的结果相比，此方案的存储复杂度和通信负担大幅降低，最高降幅达到 70％以上，这对于保障协议的实际可用性具有重要意义。

第 2 章 密码学基础

本章介绍理论安全（无条件安全）与计算安全、Shamir 的秘密分享协议、Pedersen 承诺、以秘密分享和承诺技术为基础的可验证随机数、盲签名以及茫然传输协议，这些是本书安全协议设计的基础。另外，本章还将介绍基于 Pedersen 承诺的零知识证明。

2.1 理论安全与计算安全

信息安全协议的设计目标可分为两类：无条件安全（理论安全）与计算安全。

假设攻击者有无限的计算能力，仍然无法攻破一个密码系统，则称这个密码系统是无条件安全，也称为理论安全。无条件安全不依赖任何困难性假设，其安全性不随着计算机技术的发展而受到影响。"一次一密"是典型的理论安全，其安全性依靠真随机数的生成。

但"一次一密"之类的理论安全，由于其成本很高，使得使用范围受到限制，所以在现实中，使用更多的是计算安全。计算安全通常依赖某一个困难性假设，即在现有的计算条件下，攻击者无法在短时间内破解该密码系统。这些困难性假设通常是一些复杂的数学难题，如大整数分解、离散对数等。

通常情况下，计算安全就足以满足大多数的安全性需求。但在某些情况下，如电子投票协议，由于其结果不仅影响当下，而且有可能影响未来几十年的发展，因此电子投票协议仅满足计算安全是不够的。

2.2 Shamir 秘密分享

Shamir 在 1979 年给出了秘密分享理论。将秘密 s 分成 n 份，分别是 $s_1, \cdots, s_n$，满足以下两个要求：

（1）有 t 个或 t 个以上的秘密片断，可以很容易地恢复出秘密 s；

（2）少于 t 个片断，不能得到 s 的任何信息。

Shamir 秘密分享协议也称为 (t, n) 秘密分享协议，具有信息理论意义上的安全性。

基于拉格朗日插值公式，Shamir 的秘密分享协议包括两个算法：秘密分割算法和秘密恢复算法[1]。

假设有 n 个用户 $U_1, \cdots, U_n$ 和一个可信任的执行机构 D，则

秘密分割算法：D 任选一个多项式 $f(x) = a_0 + a_1 x + \cdots + a_{t-1} x^{t-1}$，其中常数项等于秘密 s，即 $s = a_0 = f(0)$，所有的系数 $a_0, a_1, \cdots, a_{t-1}$ 属于有限域 F_p，其中 p 是安全素数。D 计算所有的秘密片断 $s_i = f(i)(i = 1, \cdots, n)$，并将 s_i 安全分发给 U_i。

秘密恢复算法：通过任意的 $\{i_1, \cdots, i_t\} \subseteq \{1, 2, \cdots, n\}$，可恢复出多项式 $f(x)$，将 $x = 0$ 代入 $f(x)$，可得 $s = f(0) = \sum_{i \in A} s_i \left(\prod_{j \in A-\{i\}} \frac{x_j}{x_j - x_i} \right)$。

2.3　Pedersen 承诺

Pedersen 承诺在信息安全协议中有广泛的应用，可同时实现数据的发布性与数据的隐私性，即在保持一个数值秘密的情况下，将数据发送给他人。结合下例阐述承诺协议。

假设 Alice 和 Bob 用抛币的方式来解决一个争端，如果他们在同一个位置用面对面的方式，那么过程就很简单：

（1）Alice 先押结果，即正面或反面；

（2）Bob 抛硬币；

（3）如果与之前 Alice 所押的相同，则 Alice 获胜，否则 Bob 获胜。

如果 Alice 和 Bob 不在同一个位置，则上述方法就不再适用。需要在上述过程中加入承诺步骤，以保证协议的公平性。过程如下：

（1）Alice 先押结果，并将该结果做承诺（密封）发给 Bob；

（2）Bob 抛币并公布结果；

（3）Alice 打开承诺，即将之前的密封打开；

（4）如果 Alice 打开的承诺与 Bob 公布的一致，则 Alice 胜。

Pedersen 承诺分为两个阶段：

（1）Alice 将一个数 s 承诺后发送给 Bob，除了 Alice，其他人都不知道该数；

（2）Alice 打开对 s 的承诺，在此过程中，Alice 如果企图声称该承诺是对 s' 做出的，在计算上是不可能的。

下面介绍基于离散对数的 Pedersen 承诺[2]。

假设 p,q 是大素数且满足 $q|p-1$，G_q 是 Z_p^* 的唯一子群，阶为 q。g 是 G_q 的生成元，h 是 G_q 的元素，计算 $\log_g h$ 是困难性问题。

Pedersen 承诺包括两个阶段：

承诺阶段：Alice 希望对 s 做承诺并发送给 Bob，Alice 选择随机数 t 并计算 $C=g^s h^t$，Alice 将 C 发送给 Bob。

打开阶段：Alice 发送 s，t 给 Bob，Bob 可以验证 C 确实是 s 的承诺。

由于离散对数求解的困难性，使得从 $C=g^s h^t$ 无法得到 s 的任何信息。另外，Alice 无法将 C 打开成另外的 $s'(\neq s)$，除非 Alice 能计算 $\log_g h$。

Pedersen 承诺实现了两个目标：

（1）从承诺值 $C=g^s h^t$ 不能得到 s 的任何信息，承诺者 Alice 不能把 C 打开成另外的 $s'(\neq s。)$

（2）同一个 s 可以被两次承诺，$C=g^s h^t$，$C'=g^s h^{t'}$，其中 $t'\neq t$。Alice 可以通过出示 $t-t'$，向 Bob 证明 C 和 C' 都是对同一个数值的承诺，但 Bob 并不知道 s 是什么。

2.4　可验证随机数

随机数是信息安全中一个非常重要的内容，用于加密需要保护的信息、认证通信各方的身份、保证协议的公平性等。根据随机数的产生方式，可以将其分为真随机数和伪随机数。

抛色子、抛硬币、洗牌，本质上都是为了产生随机数以保证游戏的公平性。但这些随机数在大规模的数据通信中却并不适用，主要原因在于：通信双方如何共享这些随机数是一个难题。因此，在现实中，更多使用的是依赖某些数学算法生成的伪随机数，双方共享生成算法，只需安全传送一个随机数种子，即可完成大规模伪随机数的生成。通常，伪随机数的周期都足够长，以保证在实际使用中发生重复的可能性趋于零，即满足计算上的安全性。

但在安全协议的设计中，伪随机数并不能满足协议的安全目标，比如，在互联网彩票协议中，通常需要可信的第三方来生成一个随机的结果，但这个结果要取得广大协议参与者的认可，并不容易。一个比较好的解决方法是，所有协议成员均可以参与结果的生成，并可以验证自己的参与是否在其中发挥作用，如果是则可以确信该结果是公平公正的。

在 Shamir 秘密分享理论的基础上提出可验证随机数的概念[3]，以保证协议的可验证公平性，同时使协议具有轻量级的特征且具有健壮性。

假设 $U_1, \cdots, U_n$ 共同作用产生一个可验证随机数（Verifiable Random Number，VRN），产生的过程需要一个计算中心（Computing Center，CC）的协助，该中心只承担计算职责，不具有可信任的角色。

（1）$U_i (i=1, \cdots, n)$ 任选 $y_i, t_i \in F_p$，对 y_i 做承诺，即计算

$C_i = g^{y_i} h^{t_i}$，并将 (i, C_i) 发送给 CC；

（2）CC 任选 $(0, y_0)$，其中 y_0 是由 CC 选取的随机数，CC 公布 $(1, C_1)$，…，(n, C_n) 以及 $(0, y_0)$；

（3）U_i 发送 y_i 和 t_i 给 CC，以打开承诺 C_i；

（4）CC 构造多项式 $A(x) = \sum_{j=0}^{n} y_j \prod_{k=0, k \neq j}^{n} \dfrac{x-k}{j-k} = a_0 + \cdots + a_n x^n \in F_p[x]$，该多项式通过 $(0, y_0)$，$(1, y_1)$，…，(n, y_n)；

（5）$A(x)$ 的系数被输入安全 hash 函数，得到 $R = (\text{hash}(a_0 \parallel \cdots \parallel a_n) \bmod n) + 1$，显然 R 随机分布在集合 $\{1, \cdots, n\}$ 上，CC 公布多项式 $A(x)$，供验证使用。

$R = (\text{hash}(a_0 \parallel \cdots \parallel a_n) \bmod n) + 1$ 被定义为一个可验证随机数 VRN，$U_i (1 \leqslant i \leqslant n)$ 通过检查等式 $y_i = A(i)$ 是否成立，以验证 R 的生成是否融入了自己的参与。

2.5 零知识证明

基于 Pedersen 承诺的零知识证明（Zero Knowledge Proof，ZKP）[4] 如下所述。

假设有 n 个数 r_1，…，r_n，Alice 计算相应的承诺值 $C_i = g^{r_i} h^{t_i}$（$1 \leqslant i \leqslant n$），其中 t_1，…，t_n 是随机数。

Alice 要向 Bob 证明集合 $S_C = \{C_1, \cdots, C_n\}$ 中的元素确实是集合 $S_r = \{r_1, \cdots, r_n\}$ 中元素的承诺，但 Bob 并不知道具体元素的对应关系。

零知识证明如图 2.1 所示，步骤如下：

（1）Alice 对 r_1，$\cdots$，r_n 使用 t'_1，$\cdots$，t'_n 再做一次承诺，并对承诺值做随机置换操作，记集合为 $S'_C = \{C'_1，\cdots，C'_n\}$，Alice 公布 S'_C；

（2）Alice 重复上述过程，即用 t''_1，$\cdots$，t''_n 生成集合 $S''_C = \{C''_1，\cdots，C''_n\}$，并公布 S''_C；

（3）Alice 打开集合 S''_C 的元素，得到一个集合，应该与 $S_r = \{r_1，\cdots，r_n\}$ 相同，验证者 Bob 可以检验 S''_C 是否确为 S_r 中元素的承诺值的集合；

（4）Bob 抛硬币，决定 b 的值，并发送给 Alice。当 $b = 0$ 时，Alice 通过公布 $(t_i - t'_i)(1 \leqslant i \leqslant n)$，以建立两个集合 S_C 和 S'_C 之间的联系，当 $b = 1$ 时，Alice 公布 $(t''_i - t'_i)(1 \leqslant i \leqslant n)$，以公布 S'_C 和 S''_C 的联系。

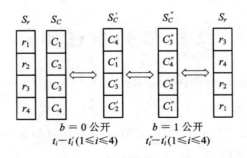

图 2.1　ZKP 证明的实例

显然，由前述过程可知 Alice 能成功欺骗 Bob 的概率是 $1/2$，如果上述挑战与响应过程执行 k 次，Alice 能成功欺骗 Bob 而且不被发现的概率则为 $1/2^k$。

2.6 盲 签 名

我们以 RSA 为例来描述一下公钥加、解密以及数字签名的生成与验证。

设 $n=pq$，其中 p，q 是素数，$e \cdot d \equiv 1 \bmod(\phi(n))$，其中 n，e 公开，而 p，q，d 保密。

RSA 加密：

对 x 加密，即令 $y=x^e \bmod n$。

对 y 解密，即令 $y^d=x^{ed}=x \bmod n$。

RSA 安全的陷门在于 $n=pq$ 的分解。由于试图从公开信息 n，e 得到 d，需要知道 $\phi(n)=(p-1)(q-1)$，而对于大素数 p，q 来说，计算它们的乘积是容易的，但要分解 n，得到 p，q，则是一个困难性问题。

而签名则是将个人信息，即私有的 d 嵌入到签名中。

设 $n=pq$，其中 p，q 是素数，$ed \equiv 1 \bmod(\phi(n))$，$n$，$e$ 是公钥，而 p，q，d 是私钥。

对 x 签名的算法如下：

$y=\text{sig}(x)=x^d \bmod n$。

验证签名如下：

$\text{ver}(x, y)=\text{true}$ 当且仅当 $x \equiv y^e \bmod n (x, y \in Z_n)$。

而盲签名与上述签名有所不同，即 Alice 将消息 m 发送给 Bob，希望得到 Bob 在该消息上的签名，但不希望 Bob 知道 m 的内容。基于 RSA 的盲签名如下：

（1）n，d，e 与前述签名方案一致，设随机数 r 为盲化因子，且与 n 互素，即 $\gcd(r, n) = 1$，对 m 做盲化处理，$m' = mr^e \bmod n$，并将 m' 发送给 Bob；

（2）Bob 收到 m' 后，对 m' 做签名，即 $s' \equiv (m')^d \bmod n$，并将 s' 发送给 Alice；

（3）Alice 计算 $s = s' \cdot r^{-1} \bmod n \equiv (m')^d r^{-1} \equiv m^d r^{ed} r^{-1} \equiv m^d r r^{-1} \equiv m^d \bmod n$。

2.7 茫然传输协议

茫然传输协议（Oblivious Transfer，OT）指 Alice 有 n 个消息 $M_1, \cdots, M_n$，Bob 可以从中取得 t 个消息。Bob 只能得到符合要求的 t 个消息，同时 Alice 不知道 Bob 得到的 t 个消息是什么。

下面介绍穆怡的 OT 协议，包括两个阶段：准备阶段及传输阶段。

1. 准备阶段

（1）Bob 任选 $x_1, \cdots, x_n \in Z_p^*$，并选取 $s_1, \cdots, s_t \in Z_p^*$，计算 $y_1 = g^{s_1}, \cdots, y_t = g^{s_t}$；

（2）Bob 生成多项式 $f(x)$，$f(x)$ 通过 t 个点 $(x_1, y_1), \cdots, (x_t, y_t)$，Bob 将剩余的 $x_{t+1}, \cdots, x_n$ 代入 $f(x)$，得到相应的 $y_{t+1}, \cdots, y_n$；

（3）Bob 发送 $(x_1, y_1), \cdots, (x_n, y_n)$ 给 Alice。

2. 传输阶段

（1）Alice 任选 $r_1, \cdots, r_n \in Z_p^*$，计算 $\beta_i = g^{r_i}$，$\gamma_i = M_i y_i^{r_i}$（$i =$

$1, \cdots, n)$，并发送$(\beta_i, \gamma_i)(i=1, \cdots, n)$给 Bob；

（2）由于 Bob 仅知道 t 个私有的 $s_i(i=1, \cdots, t)$，因此，Bob 仅能通过计算 $M_i = \gamma_i / \beta_i^{s_i}$，恢复出 t 个消息。

第 3 章 群组通信中的密钥分发

3.1 研究背景

近年来，群组通信是通信发展的一个重要方向，群组中的成员协作完成共同的目标，例如：远程会议、多方游戏、社交网络等。在很多情形下，群组中的成员是缺乏信任基础的，甚至有些成员可能是潜在的攻击者[5-7]。安全群组通信的基本要求包括机密性和认证性，机密性指保证传输的信息仅能被指定的接收者识读，而认证性则保证参与通信的主体是被授权的。

为了提供这两种安全功能，群组通信的各成员之间需要共享一个会话密钥。会话密钥的建立依据协议的不同可分为两种类型：密钥协商协议和密钥传输协议。密钥协商协议指通信各方在不需要可信任第三方（Trusted Third Party，TTP）的协助下，完成会话密钥的建立。通常情况下，这一过程耗时较长，尤其是在成员数量众多时。密钥传输协议则依赖一个可信任的密钥生成中心（Key Generation Center，KGC），选取会议密钥并将其安全分发给各个成员。

本章研究需要 KGC 的密钥分发协议，KGC 是整个协议的安全基础。为了使协议更加符合实际，首先假设除了注册阶段外，其他的通信都通过广播信道完成。该协议的安全目标包括：密钥的新鲜性、密钥的机密性、密钥的认证性。新鲜性保证群组通信的会话密钥不被重复使用，如果密钥被重复使用，已经离开群组的成员仍有可能获取相关的通信内容；机密性保证会话密钥只能被授权的成员获得；认证性保证群组成员能认证来自 KGC 的建立会话密钥的请求，并能抵抗 DOS 攻击。

3.2 可认证的群组密钥分发协议

在参考文献[8]中，假设有 t 个成员，记为 U_1，…，U_t。为了保障通信安全，在通信开始前，需要在各成员之间完成会话密钥的分发。通常，KGC 的职责是选择会话并分发密钥，只有合法的用户才能得到会话密钥。组密钥分发协议的模型如图 3.1 所示。协议分为两个阶段：分发前阶段和分发阶段。

1. 密钥分发前阶段

（1）KGC 公布协议中的参数，包括：$N = pq$（其中 p，q 为安全素数）以及散列函数 $h_1(x)$，$h_2(x)$；

（2）U_i 向 KGC 注册，并与 KGC 分享长期秘密，如口令等，记为 (x_i, y_i)。

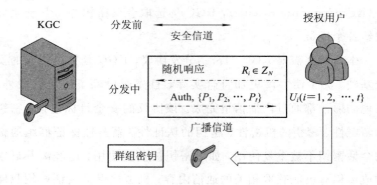

图 3.1 组密钥分发协议

2. 密钥分发阶段

(1) 组通信发起者发送请求,包括成员列表$\{U_1,\cdots,U_t\}$;

(2) 各成员 $U_i(1\leqslant i\leqslant t)$广播发送一个响应 $R_i\in Z_N$;

(3) KGC 任选一会话密钥 k 并生成多项式 $f(x)$,该多项式通过 $t+1$ 个点,即$(0,k)$,$(x_i,y_i\oplus h_i(x_i,y_i,R_i))(1\leqslant i\leqslant t)$,其中 $x\oplus y$ 表示 mod N 上的加法。KGC 再计算 t 个经过 $f(x)$ 的点 $P_i=(i,f(t))_{i=1}^t$ 以及验证信息 Auth_$h_2(k,U_1,\cdots,U_t,R_1,\cdots,R_t,P_1,\cdots,P_t)$,KGC 广播 Auth 以及 $P_1,\cdots,P_t$;

(4) U_i 用自己与 KGC 共享的$(x_i,y_i\oplus h_i(x_i,y_i,R_i))(1\leqslant i\leqslant t)$以及 KGC 广播发送的 $P_1,\cdots,P_t$ 恢复 t 次多项式 $f(x)$,并计算出 $k=f(0)$。

U_i 使用 Auth 验证 k 是否正确。

协议流程如图 3.2 所示。

阶段	步骤	密钥生成中心	成员
分发前		公布 N, $h_1(x)$, $h_2(2)$　$U_i(i=1,2,\cdots,t)$	$U_i(i=1,2,\cdots,t)$
		$\longleftarrow$ 安全信道	分享(x_i, y_i)
分发中	1	$\{U_1, U_2, \cdots, U_t\}$ $\longleftarrow$	发起者
		$\{U_1, U_2, \cdots, U_t\}$ $\longrightarrow$	
	2	随机响应 $R_i \in Z_N$	
	3	选取群组密钥 k 生成 $f(x)$ 计算 $P_1, \cdots, P_t$ Auth	
		Auth, $\{P_1, P_2, \cdots, P_t\}$ $\longrightarrow$	
	4		计算 $f(x)$, $k=f(0)$ 验证 k

图 3.2　可认证的密钥分发协议流程

3.3　安全性分析

群组通信中的攻击者可分为两类：内部攻击者和外部攻击者。前者是群组的合法成员，可以获得群组的会话密钥，但不可以获取其他用户与 KGC 的共享秘密；后者不是群组通信的合法成员，虽然可以得到协议中广播的信息，但既不能获得会话密钥也不能得到其他用户与 KGC 的共享秘密。

命题 3.1　上述协议可抵抗内部人攻击。

证明：假设 U_{adv} 是内部攻击者，U_{tar} 是被攻击目标，他们同属于一个有 t 个成员的群组。

设(x_{adv}，y_{adv})和(x_{tar}，y_{tar})分别是 U_{adv} 和 U_{tar} 与 KGC 的共享秘密，R_{adv}，R_{tar} 分别是 U_{adv} 和 U_{tar} 针对 KGC 广播的群组建立请求的回应，则 U_{adv} 可以很容易地构造。通过(x_{adv}，$y_{adv} \oplus h_1(x_{adv}$，$y_{adv}$，$R_{adv}$))和 P_1，$\cdots$，P_t 的 t 次插值多项式 $f(x)$，显然有 $y_{tar} \oplus h_1(x_{tar}$，$y_{tar}$，$R_{tar}) = f(x_{tar})$ 成立。

然而，即使 U_{adv} 窃听到了广播的信息 R_{tar}，U_{adv} 也无法得到 $h_1(x_{tar}$，y_{tar}，R_{tar})，因为 U_{adv} 不掌握(x_{tar}，y_{tar})。换句话说，U_{adv} 无法从 $y_{tar} \oplus h_1(x_{tar}$，$y_{tar}$，$R_{tar}) = f(x_{tar})$ 得到(x_{tar}，y_{tar})。

因此，协议是抗内部人攻击的。

命题 3.2 上述协议可抵抗外部人攻击。

证明： 假设外部攻击者可以假冒成合法用户发起群组通信请求，但由于 Shmair 秘密分享理论具有信息理论意义上的安全性，即少于 $t+1$ 点无法恢复出 t 次插值多项式 $f(x)$。所以，外部攻击者仅凭 KGC 广播的 t 个点 P_1，$\cdots$，P_t 无法恢复出 $f(x)$。

另外，如果攻击者试图发起穷举攻击，计算上也是不可行的，因为之前假定 $h_2(x)$ 是计算上安全的。

上述密钥分发协议是 Harn - Lin 协议[9] 的改进，在 Harn - Lin 协议中，KGC 生成过(0，k)和(x_i，$y_i \oplus R_i$)($i=1$，$\cdots$，t)的 t 次多项式 $f(x)$。

下面证明 Harn - Lin 的协议不能抵抗内部人攻击。

从文献[10]的定理 4.4，可得如下引理。

引理 3.1 一个 mod N 的 $t \times t$ 矩阵存在逆矩阵的概率为

$$\prod_{i=1}^{t} \left(1 - \frac{1}{p^i}\right)\left(1 - \frac{1}{q^i}\right)。$$

定理 3.1 假设 U_{adv} 和 U_{tar} 同属于一个有 t 个成员的群组，U_{adv} 发起 $t+1$ 次群组建立请求，即可恢复出 U_{tar} 与 KGC 共享的秘密 (x_{tar}, y_{tar})。

证明： U_{adv} 向 KGC 发起 $t+1$ 次群组建立请求，每次 U_{adv} 和 U_{tar} 同属于有 t 个成员的群组，U_{adv} 每次都可恢复出 KGC 选定的多项式，共有 $t+1$ 个，记为 $f_1(x), f_2(x), \cdots, f_{t+1}(x)$，均满足

$$y_{tar} + R_{tar}^i = f_i(x_{tar}) (\bmod N) (1 \leqslant i \leqslant t+1)$$

其中，R_{tar}^i 是在第 i 次群组建立过程中，U_{tar} 对 KGC 的随机响应，由于通过广播发送，U_{adv} 可以得到这一响应值。

具体地，有如下等式：

$$\begin{cases} c_{1,t} x_{tar}^t + \cdots + c_{1,1} x_{tar} + k_1 = y_{tar} + R_{tar}^1 (\bmod N) \\ \qquad\qquad\qquad\qquad\qquad \vdots \\ c_{t+1,t} x_{tar}^t + \cdots + c_{t+1,1} x_{tar} + k_{t+1} = y_{tar} + R_{tare}^{t+1} (\bmod N) \end{cases}$$

$$(3.1)$$

注意到 $x_{tar}^t, \cdots, x_{tar}, y_{tar}$ 是未知数，而 $f_i(x)$ 的系统和 R_{tar}^i 都是 U_{adv} 已知的，因此可令 $x_{tar}^i = u_i - y_{tar} = u_0 (1 \leqslant i \leqslant t)$，则有

$$\begin{cases} c_{1,t} u_t + \cdots + c_{1,1} u_1 + u_0 = -k_1 + R_{tar}^1 (\bmod N) \\ \qquad\qquad\qquad\qquad\qquad \vdots \\ c_{t+1,t} u_t + \cdots + c_{t+1,1} u_1 + u_0 = -k_{t+1} + R_{tar}^{t+1} (\bmod N) \end{cases} \qquad (3.2)$$

由引理 3.1 可知，上述系数矩阵可逆的概率接近于 1。因此，由克莱姆法则，可得上述方程组有唯一解的概率趋近于 1，U_{adv} 可得到 (x_{tar}, y_{tar})。

下面给出一个简单的实例来阐述这一过程。

假设 U_{adv} 向 KGC 发送三次与 U_{tar} 建立群组的请求，KGC 分

别用 $f_1(x)$，$f_2(x)$，$f_3(x)$ 将会话密钥 k_1，k_2，k_3 分发给 U_{adv} 和 U_{tar}，，其中 $f_i(x) = c_{i,2}x^2 + c_{i,1}x + k_i$。

由于 $f_i(x)$ 通过三个点：$(0, k_i)$，$(x_{\text{adv}}, y_{\text{adv}} \oplus R_{\text{adv}}^i)$，$(x_{\text{tar}}, y_{\text{tar}} \oplus R_{\text{tar}}^i)$，显然，$U_{\text{adv}}$ 可得以下方程组：

$$\begin{cases} c_{1,2}x_{\text{tar}}^2 + c_{1,1}x_{\text{tar}} + k_1 = y_{\text{tar}} + R_{\text{tar}}^1 \pmod{N} \\ c_{2,2}x_{\text{tar}}^2 + c_{2,1}x_{\text{tar}} + k_2 = y_{\text{tar}} + R_{\text{tar}}^2 \pmod{N} \\ c_{3,2}x_{\text{tar}}^2 + c_{3,1}x_{\text{tar}} + k_3 = y_{\text{tar}} + R_{\text{tar}}^3 \pmod{N} \end{cases} \tag{3.3}$$

进而，设 $x_{\text{tar}}^i = u_i - y_{\text{tar}} = u_0 \ (1 \leqslant i \leqslant 2)$，则可得：

$$\begin{cases} c_{1,2}u_2 + c_{1,1}u_1 + u_0 = -k_1 + R_{\text{tar}}^1 \pmod{N} \\ c_{2,2}u_2 + c_{2,1}u_1 + u_0 = -k_2 + R_{\text{tar}}^2 \pmod{N} \\ c_{3,2}u_2 + c_{3,1}u_1 + u_0 = -k_3 + R_{\text{tar}}^3 \pmod{N} \end{cases} \tag{3.4}$$

由克莱姆法则可得

$$u_2 = \frac{A_2}{A} \pmod{N}, \ u_1 = \frac{A_1}{A} \pmod{N}, \ u_0 = \frac{A_0}{A} \pmod{N}$$

其中

$$A = \begin{vmatrix} c_{1,2} & c_{1,1} & 1 \\ c_{2,2} & c_{2,1} & 1 \\ c_{3,2} & c_{3,1} & 1 \end{vmatrix} \pmod{N} \tag{3.5}$$

$$A_0 = \begin{vmatrix} c_{1,2} & c_{1,1} & -k_1 + R_{\text{tar}}^1 \\ c_{2,2} & c_{2,1} & -k_2 + R_{\text{tar}}^2 \\ c_{3,2} & c_{3,1} & -k_3 + R_{\text{tar}}^3 \end{vmatrix} \pmod{N} \tag{3.6}$$

$$A_1 = \begin{vmatrix} c_{1,2} & -k_1 + R_{\text{tar}}^1 & 1 \\ c_{2,2} & -k_2 + R_{\text{tar}}^2 & 1 \\ c_{3,2} & -k_3 + R_{\text{tar}}^3 & 1 \end{vmatrix} \pmod{N} \tag{3.7}$$

$$A_2 = \begin{vmatrix} -k_1 + R_{tar}^1 & c_{1,1} & 1 \\ -k_2 + R_{tar}^2 & c_{2,1} & 1 \\ -k_3 + R_{tar}^3 & c_{3,1} & 1 \end{vmatrix} (\bmod N) \qquad (3.8)$$

当 $u_2 = u_1^2 (\bmod N)$ 时，可得 $x_{tar} = u_1$，即 Harn - Lin 方案不能抵抗内部人攻击。

第4章 具有公平性的轻量级微支付协议

4.1 研究背景

随着电子商务的发展，电子支付协议得到了广泛的应用，最简单的电子支付协议包括三方成员：用户(U)、商家(M)以及银行(B)。为了保障支付的安全性，一系列的密码技术被用于实现可认证性、隐私性、机密性、防抵赖性等安全目标。根据电子交易的金额大小，可以分为宏支付与微支付。微支付通常指交易金额很小的电子支付活动。

由于大多数用于电子支付的密码技术涉及到复杂的运算，当支付的金额很低时，有可能支付的金额小于保障安全交易的密码运算成本，在此情形下，使用传统密码技术的电子交易协议就不再适用。近些年来，微支付广泛应用于移动网络上的安全交易，比如支付流量费用等。这种交易活动单笔金额很小，但数量巨大，有可能交易额仅几美分，但银行处理这一交易所需的计算成本需要一美元。而现在，这样的微支付仍呈迅速增长之势，使得必须要研究具有安全性、效率性的协议。

早在十年前，著名密码学家 Rivest 和 Shamir 就设计了基于 hash 链的 Payword 方案，但 Payword 方案要求一个用户一个 hash 链，对于用户数量巨大，且用户动态变化的移动交易活动，Payword 是不适用的。稍后，Rivest 设计了基于概率抽取的微支付方案，用户和商家在众多交易中选取付费的交易，被选中的需支付 $1/s$，没有被选中的则不需要为消费付费。假设每笔消费均为 1 美分，概率 $s=0.001$，从 1000 笔消费中选出一笔，扣款 10 美元，而未被选中的则不需付款，即被选中的用户为这 1000 笔消费买单。从平均的角度来看，协议参与者在一个较长时间内，所付费用与应该付的费用是大体相当的。但仍有两点不足：第一，消费者和商家需要交互；第二，用户支付金额可能会超出应支付的金额。

为了克服这一缺陷，Rivest 与 Shamir 设计了相应的方案，分别记为 MR1、MR2 和 MR3[13]。MR1 解决了第一个问题，但没有解决第二个问题；MR2 解决了上述两个问题，但仍存在客户和商家合谋欺诈银行的可能；MR3 将单笔消费是否会被选中的决定权由商家改为银行，避免了合谋的可能。同时，消费者可能超额支付的风险也改为由银行承担，正因为这一设计，使得银行没有参与合谋的动机。

虽然 MR2 和 MR3 满足微支付的一系列要求，但在应用于移动网络终端时仍存在一些问题，主要因为：

（1）由于移动设备的限制，运行在移动终端上的算法应该是轻量级的。而在 MR2 和 MR3 中，每一笔消费请求都需要用数字签名保障其安全性，使得该协议对于使用移动终端的客户，并不是轻量级和高效的。

（2）每一笔消费请求使用自己的私钥，因为公钥是可以查询到的，用公钥签名的消费请求有可能会泄露消费者的隐私。

（3）协议的通信负担应尽可能的低，较低的通信负担不仅有助于节约流量费用，而且可延长移动终端的电池使用时间。

4.2　Micali – Rivest 方案及安全性分析

4.2.1　Micali – Rivest 方案说明

假设每一笔消费为固定的数值，比如 1 美分，概率也是固定的值，记为 s，用 $F(\cdot)$ 表示公开的函数，该函数输入任意长度的比特串，输出 0 和 1 之间的一个数。

MR1 包括预备阶段、支付阶段和划拨阶段三个步骤。

1. 预备阶段

每个消费者和商家建立自己的公钥和私钥，商家的签名算法具有确定性。

2. 支付阶段

U 向 M 发送支付凭证 $C = SIG_U(T)$，其中 T 表示交易记录，该交易记录用 U 的私钥签名，并发送给 M。如果该支付凭证满足 $F(SIG_U(T)) < s$，则该支付凭证是可支付的。如果 C 是可支付的，商家 M 发送该凭证 $C = SIG_U(T)$ 以及对凭证的签名 $SIG_M(C)$ 给银行 B。

3. 划拨阶段

B 验证签名 $C=SIG_U(T)$ 和 $SIG_M(C)$ 是否正确。如果正确，B 向 M 的账户转入 $1/s$ 美分，同时从 U 的账户扣除同样的数额。

在 MR1 中，用户被扣除的金额有可能超出自己应支付的消费额，从长期来看，每个消费者被扣除的费用和应支付的费用，差别不大，但这仍是影响协议普及的一个心理障碍。

MR2 克服了 MR1 的超额扣除风险，保证诚实的用户被扣除的金额不会超过应该支付的金额，亏空的风险不再由消费者承担，而是由银行承担，具体步骤如下。

1. 预备阶段

消费者和商家建立相应的公钥私钥，商家中的签名算法具有确定性。

2. 支付阶段

U 除了向 M 发送 $C=SIG_U(T)$，还需要发送时间信息和序列号 SN_U（SN_U 从 1 开始）。

3. 划拨阶段

设 $MaxSN_U$ 是 U 最近一次被选中做支付时的序列号（初始值 $MaxSN_U=0$），假设 U 新发送的 C 被选中，且 B 验证 U 和 M 的签名是正确的，B 向 M 的账号转入 $1/s$ 美分，同时 B 从 U 的账户扣除 $SN_U-MaxSN_U$ 美分，并将 SN_U 设定为当前的 $MaxSN_U$。

说明：如果消费者被选中的概率不正常达到一定的程度，与之所相关的商家将被踢出系统。比如，U 和 M 有可能会合谋欺骗银行，也就是说 U 的每一笔消费都被 B 选中进行支付，每次 B 向 M 汇入 $1/s$ 美分，而 B 每次只能从 U 的账户扣除 1 美分，这显然对协议是不安全的。

MR2 中，消费者即使被选中，也只需支付他应该支付的金额，这对于诚实的消费者是公平的。协议的检测机制，有可能会把一些诚实的消费者和相关的商家踢出系统，这需要做进一步的研究甄别。

MR3 与 MR1 和 MR2 不同，用户是否会被选中支付的决定权在银行，步骤如下。

1. 预备阶段

消费者和商家建立相应的公钥私钥，商家中的签名算法具有确定性。

2. 支付阶段

与 MR2 类似，U 向 M 发送 $C = SIG_U(T)$，时间信息和序列号 SN_U（SN_U 从 1 开始）。

3. 划拨阶段

设 t'，t 表示 M 上一次交易和当前交易的时间，M 将介于 t' 和 t 之间的消费请求分成 n 类，分别是 $L_1, \cdots, L_n$，这一时间段内的支付额记为 V_i，显然有 $V = \sum_{i=1}^{n} V_i$。M 计算 $G_i = H(L_i, V_i)$，并发送 $SIG_M(t, n, V, C_1, \cdots, C_n)$ 给 B。

B 验证 M 签名信息中的时间，随机选择 k 个数 $i_1, \cdots, i_k$，并发送给 M，M 打开 $i_1, \cdots, i_k$ 对应的承诺值 $C_{i_1}, \cdots, C_{i_1}$，并发送给 B。

B 向 M 转入 V 美分并按照 MR2 的方法从 L_{i_1} ，$\cdots$，L_{i_1} 对应的用户处扣除相应的数额。

4.2.2　MR 的安全性分析

微支付适用于交易量巨大但交易金额很小的情形，因此，其对效率性的要求很高，由于上述方案中，均需用户对交易请求做签名，使得协议的运算复杂度较高，可能无法适用于移动终端。另外，考虑到协议的开放性，通过公开信道传输的经过私钥签名的信息，可能会泄露用户的隐私。而且在 MR3 中，由于决定权在银行，增加了一轮数据交换的通信量，同样影响到了协议的效率和经济性。

4.3　具有公平性且轻量级的微支付协议

为了保障协议适用于移动终端，本章设计了轻量级且具有可验证公平性的微支付协议[3]。协议以 hash 链和可验证随机数为主要密码学工具，是在 MR 微支付协议基础上改进的。协议仍包括三方成员，用户（U）、商家（M）和银行（B），分为四个步骤：预备阶段、消费阶段、选择性支付阶段和验证阶段。

1. 预备阶段

在预备阶段各参与方之间的信息通过安全信道传输，与 MR 协议中一样，我们仍假设协议中每笔消费额仅 1 美分。

（1）B 选择并公布一安全素数 p 和安全 hash 函数 $h(\cdot)$；

（2）B 分别向 U，M 颁发数字证书 Cert$_U$＝$\{ID_B$，ID_U，data，other$\}$，Cert$_M$＝$\{ID_B$，ID_M，data，other$\}$，其中 ID_B，ID_U，ID_M 分别表示 B，U，M 的身份信息，date 表示证书有效期，other 表示其它的信息，证书需要定期更新。U 和 M 使用证书可以构造 hash 链，在文献[11]中已有详细描述。由于证书由 B 签发，可使 M 确信来自 U 的 hash 链是可兑付的；

（3）U 选择随机数 w_n^U，计算 $w_i^U = h(w_{i+1}^U)$（$i = n-1$，$n-2$，…，0），可得到 hash 链 $w_0^U \leftarrow w_1^U \leftarrow \cdots \leftarrow w_n^U$，其中 w_0^U 是 hash 链的根结点。U 用自己的证书对根结点 w_0^U 做签名并发送给 M 和 B。M 和 B 验证签名是否正确，如果正确，则接受来自 U 的消费请求，否则，将这一消息丢弃；

（4）与步骤 3 类似，M 也选择随机数 c_n，并构造 hash 链 $c_0 \leftarrow c_1 \leftarrow \cdots \leftarrow c_n$，其中 c_0 是根结点。M 对根结点 c_0 做签名并发送给 B。如果 B 验证正确，则接受来自 M 的请求；

（5）hash 链使用时的顺序与生成时的顺序相反，按 $w_1^U \rightarrow \cdots \rightarrow w_n^U$，$c_1 \rightarrow \cdots \rightarrow c_n$ 的顺序依次使用。由于安全 hash 运算的单向性，可在不使用公钥算法的前提下，保证 U 及 M 对收到信息来源的身份验证。

2．消费阶段

当 U 向 M 申请他的第 i（$i = 1$，2，…）次消费请求时，U 发送 (i, w_i^U) 给 M。M 验证等式 $h(w_i^U) = w_{i-1}^U$ 是否成立。同理，当 M 向 B 申请第 j 次兑付时，M 发送 (j, c_j) 给 B。

3．选择性支付

假设一笔消费被选中的概率 $s = 0.001$，即每一千笔微支付

（每笔消费额 1 美分）中有一笔被选出做宏支付，被选中的消费者支付上次支付与本次支付之间的消费额。简单起见，假设 1000 个消费者的身份编号分别是 $1, \cdots, 1000$，商家的身份编号为 0，B 的编号记为 1001，U 的 hash 链记为 $w_1^U \to \cdots \to w_{\max_U}^U \to \cdots \to w_{i_U}^U \to \cdots$，其中 $w_{i_U}^U$ 是 U 最后使用过的 hash 值，$w_{\max_U}^U$ 是 U 最后一次被选中做宏支付时的 hash 值。

（1）M 将$(1, w_{i_1}^1), \cdots, (1000, w_{i_{1000}}^{1000})$和$(0, c_i)$发送给 B，其中横坐标是 1000 个消费者和商家的身份编号，纵坐标是各个消费者及商家的 hash 链最后使用的值。B 任选随机数 r_B，构造通过这 1001 个点以及$(1001, r_B)$的多项式 $A(x) = a_0 + \cdots + a_{1001}x^{1001}$，显然 1000 个消费者、$M$、$B$ 在 $A(x)$的生成中发挥同等作用；

（2）B 计算 $R = (\text{hash}(a_0 \parallel \cdots \parallel a_{1001}) \bmod 1000) + 1$，并广播 $A(x)$ 和 R。如果一个消费者的身份编号和 R 相同，该消费者被选出做宏支付。B 从 U_R 的账户扣除$(i_R - \max_R)$，并将 i_R 设定为新的 $\max_R$，并向 M 的账户汇入 1000 美分。

4. 验证阶段

U 和 M 如果对结果的公平性有怀疑，可验证 $w_{i_U}^U = A(U)$ 是否成立，如果等式成立，则可确信结果是公平的，否则，结果是不公平的。

上述协议流程可用图 4.1 表示。

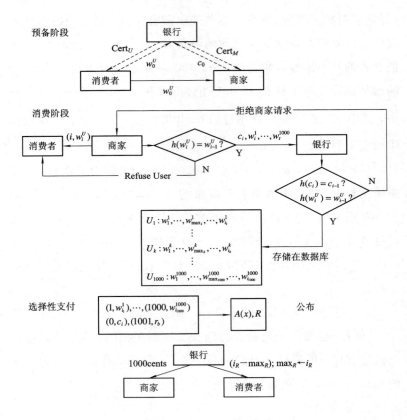

图 4.1 具公平性和轻量级的微支付协议

4.4 安全性分析

具有实用性的微支付协议应该满足：安全性、公平性、隐私性和效率性。在下面的安全性分析中，我们假设有一个攻击者 Eve，Eve 能旁听到所有的广播信息。

1. 安全性

命题 4.1 来自消费者和商家的 Eve，不能获得额外的利益。

证明：对消费者 U 来说，向商家 M 发送消费请求时，需发送相应的 hash 值，而且使用过的 hash 值不能被再次使用，因此保证了商家对消费者的认证且消费者不可以抵赖自己的消费请求。另外，由于 hash 值按生成时的逆序使用，由 w_{i-1}^U 无法得到 w_i^U，使得商家无法伪造消费者的 hash 值以谋取更多利益。

因此，该协议对遵守协议流程的诚实的消费者和商家是公平的。

命题 4.2 消费者和商家之外的协议攻击者，也不可能获得任何的利益。

证明：协议之外的消费者和商家，无法得到 hash 链的根结点 w_0^U 和 c_0，因为根结点是通过安全的方式传输的，在不知道根结点的情况下，如果 Eve 试图伪造 w_1^U 和 c_1 以满足 $h(W_1^U) = w_0^U$，$h(c_1) = c_0$，只能通过穷举的方法，考虑到协议被限定在安全素数域上，穷举法在计算上是不可行的。

2. 公平性

在协议中，银行没有与消费者或商家合谋的可能，因为每次银行向商家支付 $1/s$ 的固定金额，而只向消费者扣除（$i_R -$ $\max_R$），相应的亏空风险由银行承担，如果银行与其他方合谋，只会损害自己的利益。

哪个消费者被选中扣款，是由消费者、商家、银行三方共同决定的，在此过程中，所有成员发挥同等的影响力，使得合谋攻击的可能被避免。另外，虽然结果的产生由银行完成，但其他成

员可以验证 $w_{i_U}^U = A(U)$ 是否成立，以判断结果的公平性。

3. 隐私性

用于微支付的 hash 值，不附带任何有关消费者和商家的身份信息，任何人无法通过 hash 链的值，获得有关交易双方的信息，这对于保护消费者的交易隐私是重要的。

4. 效率性

效率性包括计算效率和通信效率。与 MR 相比，上述微支付协议不再需要签名运算，这对于保证移动终端的计算高效性是非常重要的。另外，与 MR3 相比，商家与银行之间的通信量也被降低。

第 5 章　抗合谋攻击的电子彩票协议

5.1　研究背景

文献[14]中提出了电子彩票协议应该满足的基本性质：公平性、可验证性以及封闭性。其中公平性指所有成员有同等的中奖概率；可验证性也叫可追踪性，指所有成员可以验证自己的参与是否确实被融入了中奖结果的生成；封闭性指中奖结果的生成只应与本期所售出的彩票数据有关，而与其他信息包括可信第三方无关。文献[14]给出了依赖延迟函数的电子彩票协议。

具有实用性的电子彩票协议应该满足以下要求：

（1）安全性：任何人不能伪造中奖结果或控制协议的流程。

（2）正确性：协议参与者的选择应该被正确的记录和反映。

（3）匿名性：彩票购买者的身份信息不应被附着在彩票上。

（4）随机性：中奖结果应在预定的范围内随机出现，任何人都不可以对结果的产生造成不公正的影响。

（5）可验证性：任何参与者或旁观者均可以验证结果的生成是否符合规则的要求。

（6）公平性：除了猜测之外，任何人无法在开奖之前得到中奖结果的任何信息。

（7）不依赖可信第三方：可信第三方经常用来保障协议的公平性，但也给系统造成了通信瓶颈和信任瓶颈，并有可能使可信第三方成为网络攻击的目标。因此，研究不需要可信任第三方的协议，对于保障协议的健壮性具有重要的意义。

（8）不需要延迟函数：在文献[14]中，延迟函数用于阻止不诚实的彩票购买者利用系统的时间差来伪造中奖彩票。但在现实中，延迟函数的设计存在一定的难度，主要在于对攻击者的计算能力的预测存在一些困难，使得延迟函数要延迟多长时间难以控制。延迟时间短了，有可能失去作用，延迟时间长了，有可能会影响协议的适用性。

最近，台湾的李荣三与张真诚给出了从 n 个数中选择 t 个的电子彩票方案，记为 Lee - Chang 方案，方案采用中国剩余定理和盲签名方案保证安全性和匿名性等性质[15]。然而，在 Lee - Chang 方案中，彩票的发行机构有可能与不诚实的彩票购买者合谋，以控制中奖结果的产生，这显然破坏了协议的公平性。为了抵抗这种合谋攻击，本章设计了基于可验证随机数的从 n 中选 t 的彩票协议，在中奖结果的产生过程中，所有参与者的影响力相同，有效的阻止了合谋攻击。另外，协议保障所有的参与者或旁观者在不需要他人协助的情况下，均可以验证结果是否公平。文献[15]中的所有优点，如效率性、匿名性、便利性均被继承，使得本章介绍的协议满足各项预定目标。

5.2　Lee – Chang 方案

Lee – Chang 电子彩票方案由四个阶段组成：初始化阶段、销售阶段、摇奖阶段和兑奖阶段，成员包括：发行机构（Lottery Agent，LA）、彩民（Alice）、认证中心（Certificate Authority，CA）以及银行。

1. 初始化阶段

发行机构执行以下操作：

（1）LA 选择 n 对数据，(a_i, d_i)，$d_i > a_i (i = 1, \cdots, n)$，其中 $d_i, d_j (j \neq i)$ 是互素的；

（2）LA 计算 $D_i = d_i^e (\mathrm{mod}\ N)(i = 1, \cdots, n)$，其中 (e, N) 是 LA 的 RSA 算法的公钥；

（3）LA 计算 $D = d_1 \times \cdots \times d_n$ 以及方程组

$$
\begin{cases}
C = a_1 (\mathrm{mod}\ d_1) \\
\qquad \vdots \\
C = a_n (\mathrm{mod}\ d_n)
\end{cases}
\tag{5.1}
$$

根据同余方程组的解法，可得

$$
C = \sum_{i=1}^{n} \left(\frac{D}{d_i}\right) y_i a_i (\mathrm{mod}\ D)
$$

其中 $\left(\dfrac{D}{d_i}\right) y_i = 1 (\mathrm{mod}\ d_i)(i = 1, \cdots, n)$；

（4）LA 将 $(a_1, D_1), \cdots, (a_n, D_n)$ 和 C 公布在公布栏上。

2. 销售阶段

Alice 按如下步骤从 LA 处购买彩票：

（1）Alice 从 (a_1, D_1)，$\cdots$，(a_n, D_n) 任选 t 对数据，记为 $(a_j^{'}, D_j^{'})(j = 1, \cdots, t)$；

（2）Alice 选择盲化因子 $r_j (j = 1, \cdots, t)$，并计算 $\alpha_j = r_j^e D_j^{'} (\mathrm{mod}\ N)$。然后，Alice 将 $(\alpha_1, \alpha_2, \cdots, \alpha_t, r_{A1}, r_{A2})$ 通过安全方式发给 LA，其中 r_{A1}，r_{A2} 是 Alice 选择的随机数；

（3）LA 对收到的 $(\alpha_1, \alpha_2, \cdots, \alpha_t)$ 做签名 $\beta_j = \alpha_j^d (\mathrm{mod}\ N)$ $(1 \leqslant j \leqslant t)$，并发送给 Alice，其中 (d, N) 表示 LA 的私钥；

（4）假设 Alice 买的这一注彩票是第 f 注，LA 计算 $\mathrm{Count}_f = \mathrm{Count}_{f-1} + r_{A1} (\mathrm{mod}\ f)$，并公布 (Count_f, f)，然后 LA 计算出对称密钥 $k_f = H(r_{A2} \| \mathrm{Count}_f \| f)$，该密钥用于 Alice 和 LA 之间的安全通信；

（5）LA 将 $LT_f = \mathrm{Count}_f, f, E_{k_f}(\mathrm{Count}_f, f, \beta_1, \beta_2, \cdots, \beta_t)$ 颁发给 Alice，作为第 f 注彩票的凭证。

3. 摇奖阶段

在这一阶段，产生中奖结果并公布，步骤如下：

（1）LA 计算 $w = \mathrm{Count}_n (\mathrm{mod}\ n)$，其中 n 是上一阶段销售彩票的总数量；

（2）w 作为种子输入预先设定的随机数发生器 $Ran(\cdot)$，得到结果 $Ran(w) = \{cw_1, \cdots, cw_t\}$，该结果被公布作为中奖结果。

4. 兑奖阶段

如果 Alice 的选择 $\{a_1^{'}, \cdots, a_t^{'}\} = \{cw_1, \cdots, cw_t\}$，Alice 将 r_j $(j = 1, \cdots, t)$ 发送给 LA，以证明自己是中奖彩票的拥有者。

LA 收到 $r_j (j = 1, \cdots, t)$，计算 $d_i^{'} = \dfrac{\beta_i}{r_i}$ 和 $b_i = C\ \mathrm{mod}\ d_i^{'}$ $(i =$

$1, \cdots, t)$，其中 C 是同余方程组的解 $\sum_{i=1}^{n} \left(\dfrac{D}{d_i} \right) y_i a_i \pmod{D}$。

如果 $\{b_1, \cdots, b_t\} = \{cw_1, \cdots, cw_t\}$，LA 确信 Alice 是中奖者，因为除了 Alice，没有人知道 $r_j (j = 1, \cdots, t)$。

5.3 Lee - Chang 方案的安全分析

Lee - Chang 方案为了保证彩票购买者的参与性，把所有彩票购买者的数据通过等式 $\text{Count}_f = \text{Count}_{f-1} + r_{A1} \pmod{f}$ 链接起来。但这样的方法显然是有弊端的，即对于相邻的两个彩民来说，后者可以通过选择合适的随机数 r_{A1} 来抵消前者的影响，同时，最后一个彩票购买者可以抵消到前面所有彩票数据的影响，而控制最终的 Count_f。假设 Alice 是最后一个购买彩票的人，Alice 和 LA 可以合谋控制随机函数种子的值，进而保证 Alice 所购买的彩票总是中奖。具体步骤如下：

（1）LA 选定种子值 w，计算 $Ran(w) = \{cw_1, \cdots, cw_t\}$，并预先设定中奖结果为 $\{cw_1, \cdots, cw_t\}$。LA 把 $\{cw_1, \cdots, cw_t\}$ 告知 Alice；

（2）Alice 按如下方式购买最后一张彩票，即先计算 $r_{A1} = w - \text{Count}_{f-1} \pmod{f}$，再从公告板上选择 $\{a_1', \cdots, a_t'\}$ 以及相应的 $\{D_1', \cdots, D_t'\}$，使得 $\{a_1', \cdots, a_t'\} = \{cw_1, \cdots, cw_t\}$；

（3）在兑奖阶段，Alice 发送 $r_j (j = 1, \cdots, t)$ 给 LA，没有人能检测到 Alice 与 LA 的合谋行为。

虽然 Lee 和 Chang 声称他们的方案实现了可验证性，但等式

$\mathrm{Count}_f = \mathrm{Count}_{f-1} + r_{A1} \pmod{f}$ 并不能真正保证所有彩票购买者对最终结果的可验证性，事实上 Alice 仅能验证自己的参与被计入了当前的 Count_f 的生成。因此，在 Lee - Chang 方案中，每个彩票购买者的地位是不对等的，后者可以通过调整 r_{A1}，轻易地抵消到前者的影响。为了克服这一缺陷，本章给出了基于可验证随机数的电子彩票方案，实现从 n 中选 t 的设计目标。

5.4 基于 VRN 的电子彩票协议

n 中选 t 的电子彩票协议包括五个阶段：初始化阶段、销售阶段、摇奖阶段、兑奖阶段和验证阶段。该项成果主要发表在文献 [16] 中。

1. 初始化阶段

（1）LA 公布安全素数 p，选择 (a_i, d_i)，$d_i > a_i (i=1, \cdots, n)$，其中 d_i，$d_j (j \neq i)$ 是两两互素的；

（2）LA 计算 $D_i = d_i^e \pmod{N} (i=1, \cdots, n)$，其中 (e, N) 是 LA 的公钥，计算 $D = \prod\limits_{i=1}^{n} d_i$；

（3）LA 计算 (5.1) 式的解，$C = \sum\limits_{i=1}^{n} \left(\dfrac{D}{d_i}\right) y_i a_i \pmod{D}$，其中 $\left(\dfrac{D}{d_i}\right) y_i = 1 \pmod{d_i} (i=1, \cdots, n)$；

（4）LA 将 $(a_i, D_i)(i=1, \cdots, n)$ 和 C 公布在公告栏上。

2. 销售阶段

与 Lee - Chang 方案类似，我们假设 Alice 购买当期销售的

第 f 注彩票，步骤如下：

（1）Alice 从公布的 n 对数据(a_1, d_1)，$\cdots$，(a_n, d_n)中选取 t 对，记为$(a_j', D_j')(j=1, \cdots, t)$；

Alice 随机选择 r_1，$\cdots$，r_t，计算

$$\begin{cases} \alpha_1 = r_1^e \bmod N \\ \qquad \vdots \\ \alpha_t = r_t^e \bmod N \end{cases} \tag{5.2}$$

用 LA 的公钥加密$(\alpha_1, \cdots, \alpha_t, r_{A1}, r_{A2})$并发送给 LA，其中 r_{A1}，r_{A2}是随机数；

（2）LA 对收到的密文解密，并用自己的私钥(e, N)对$(\alpha_1, \cdots, \alpha_t)$签名，得到

$$\begin{cases} \beta_1 = \alpha_1^d \bmod N \\ \qquad \vdots \\ \beta_t = \alpha_t^d \bmod N \end{cases} \tag{5.3}$$

（3）LA 计算 $\text{Count}_f = \text{Count}_{f-1} + r_{A1} \pmod{f}$，并向 Alice 发放彩票收据 $LT_f = \{\text{Count}_f, f, E_{k_f}(\text{Count}_f, f, \beta_1, \cdots, \beta_t)\}$，其中 $E_{k_f}(\cdot)$表示使用密钥 $k_f = H(r_{A2} \parallel \text{Count}_f \parallel f)$实现对称加密，LA 公布$(f, \text{Count}_f)$；

（4）Alice 解密并验证收到的收据。

3. 摇奖阶段

在此阶段，销售系统已关闭，没有人能从销售系统买到彩票。中奖结果的生成过程如下：

（1）Alice 计算并公布 $x_f = H(r_1 \parallel \cdots \parallel r_t)$；

（2）假设在上一阶段共有 m 张彩票被销售，LA 构造通过 $(x_i,\text{Count}_i)(i=1,\cdots,m)$ 的多项式 $A(x)$ 和相应的 VRN。事实上，协议的任一参与者或旁观者均可使用公布的信息验证多项式 $A(x)$ 和相应的 VRN。然后，VRN 用作种子 w 被输入随机函数，得到 $\text{Raw}(w)=\{cw_1,cw_2,\cdots,cw_t\}$；

（3）LA 公布 $\{cw_1,cw_2,\cdots,cw_t\}$ 为中奖结果，另外公布 $A(x)$ 和 w 供公众验证使用。

4. 兑奖阶段

如果 Alice 的选择 $\{a_1',a_2',\cdots,a_t'\}=\{cw_1,cw_2,\cdots,cw_t\}$，Alice 按如下步骤向 LA 兑奖：

（1）Alice 发送 $LT_f,r_1,\cdots,r_t$ 给 LA；

（2）LA 认证 Alice 的彩票 LT_f，并计算

$$\begin{cases} d_1'=\beta_1/r_1 \bmod N \\ \quad\vdots \\ d_t'=\beta_2/r_t \bmod N \end{cases} \tag{5.4}$$

（3）LA 计算

$$\begin{cases} b_1=\text{C} \bmod d_1' \\ \quad\vdots \\ b_t=\text{C} \bmod d_t' \end{cases} \tag{5.5}$$

如果 $\{b_1,b_2,\cdots,b_t\}=\{cw_1,cw_2,\cdots,cw_t\}$，LA 确信 Alice 是中奖彩票的拥有者。

5. 验证阶段

如果 Alice 对结果的公平性有怀疑，可以检查等式 $\text{Count}_f=$

$A(x_f)$ 是否成立。如果成立，Alice 确信她的参与确实被计入了中奖数字的生成，且与其他所有参与者有共同的影响力，可以相信结果是公平公正的。图 5.1 描述协议流程。

LA	Alice
预备阶段 公布 $p, (a_i, D_i)(i=1,\cdots,n),$ C	

销售阶段   选择 $(a'_j, D'_j)(j=1,\cdots,t), r_1,\cdots,r_t$

计算 $\alpha_j = r_j^e D'_j \bmod N, j=1,\cdots,t$

$$\underset{(\alpha_1,\cdots,\alpha_t, r_{A1}, r_{A2})}{\longleftarrow}$$

计算 $\beta_j = \alpha_j^d \bmod N, j=1,\cdots,j$

生成 $LT_f = \{\mathrm{Count}_f, f, E_{k_f}, (\mathrm{Count}_f, f, \beta_1,\cdots,\beta_t)\}$

$$\underset{LT_f}{\longrightarrow}$$

摇奖阶段   计算 $x_f = H(r_1 \parallel \cdots \parallel r_t)$

$$\underset{x_f}{\longleftarrow}$$

计算并公布 $A(x), w, Ran(w)$

兑奖阶段

$$\underset{LT_f, r_1,\cdots,r_t}{\longleftarrow}$$

计算 $d'_j = \beta_j / r_j \bmod N, b_j = \mathrm{C} \bmod d'_j, j=1,\cdots,t$

checks $\{b_1,\cdots,b_t\} = Ran(w)$?

验证阶段 $\mathrm{Count} = A(x_f)$?

图 5.1   基于 VRN 的彩票协议流程

5.5　安全性分析

改进的电子彩票协议实现了一系列性质，包括：安全性、正确性、匿名性、隐私性、便利性等。基于我们已知的安全基础，如中国剩余定理、盲签名、可验证随机数等，协议具有计算上的安全性。与 Lee – Chang 协议相比，此协议主要的贡献在于：公开可验证性（可追踪性）、公平性、不需要可信第三方、不需要延迟函数。

1. 可验证性

由协议描述可知，中奖数字的生成是由 $A(x)$ 决定，而 $A(x)$ 又是由 $(x_i，\text{Count}_i)(i=1，\cdots，m)$ 决定的。考虑到每张彩票数据被平等作用于 $A(x)$ 的生成，没有任何一方可以控制结果的产生。除非所有参与者共同合谋，$A(x)$ 和 $\{cw_1，cw_2，\cdots，cw_t\}$ 对所有参与者都是不可预测的。

而且，Alice 可通过检验等式 $A(x_f)=\text{Count}_f$ 是否成立，来判断 $A(x)$ and $\{cw_1，cw_2，\cdots，cw_t\}$ 的生成是否正确。由于 x_f 是 Alice 的盲化因子生成的 hash 值，攻击者通过伪造多项式 $A_1(x)$ 通过 $A_1(x_f)=\text{Count}_f$ 检验的概率为 $1/p$，这是计算上可忽略的一个概率值。

不仅 Alice 可以验证，所有旁观者也可以利用 $(x_i，\text{Count}_i)$ $(i=1，\cdots，m)$，来验证 $A(x)$ 和 $\{cw_1，cw_2，\cdots，cw_t\}$ 的正确性。

2. 公平性

对于彩票协议，公平性与随机性密切相关，如果中奖结果 $Raw(w)=\{cw_1，cw_2，\cdots，cw_t\}$ 是随机的，则可以认为对所有参与者是公平的。

3. 不需要可信第三方

由于 $\text{Count}_1，\cdots，\text{Count}_m$ 在销售阶段结束时被公布，而 $x_1，\cdots，x_n$ 则是在摇奖阶段之初被公布，而此时销售系统已经关闭，即使 LA 想伪造彩票也是不可能的。同时，LA 仅承担计算职责，而不再是可信机构，LA 的所有事务均被协议参与者或旁观者监督。因此，协议中不再需要可信第三方，这对于提高协议的健壮性具有很大的作用。

4. 不需要延迟函数

延迟函数具有中等计算难度，既不是直接输出运算结果，也不需要密码难度意义上的长时间。延迟函数在以往被用于抵抗不诚实的彩票购买者与发行机构之间的合谋攻击，比如利用销售终端与系统中心的时间不同步，在已经产生中奖数字后再打印出一注彩票。但延迟函数的不足也是显然的，如何评估潜在对手的计算能力，而设计相应的延迟函数，在现实中具有难度。

在本章设计的彩票方案中，销售系统关闭后，$x_1, \cdots, x_m$ 才被公布，这样的设计使得任何攻击者无法伪造彩票，因此，延迟函数也就没有意义了。

5. 效率性

上述协议有效地阻止了合谋攻击，而且计算过程中仅需要数次多项式运算，这相对于延迟函数耗费的时间，具有极高的效率优势。

第6章 基于茫然传输的互联网彩票协议

6.1 基于 OT 的可追踪的互联网彩票协议

hash 链广泛用于电子彩票协议设计中，通过将前后数据串连以保证所有数据的参与性。但在不少协议中，使用 hash 链串连数据有一定的缺陷，主要是串连结构使得后边的参与者可以化解掉前面参与者的影响力，使得部分参与者的作用无法得到真正发挥。

本章设计了可广泛参与，且不附加过多安全假设的互联网彩票协议[17]。与前一章类似，协议包括五个阶段，即初始化阶段、销售阶段、摇奖阶段、验证阶段以及兑奖阶段。协议中的计算在有限域 F_p 上，其中 p 是安全素数。并设 g 是 F_p 的本原元，阶为 $q=p-1$，$H(x)$ 是安全的 hash 函数。

1. 初始化阶段

(1) 发行机构选择随机数 x_1，$\cdots$，x_n，并公布 $(1，x_1)$，$\cdots$，$(n，x_n)$，彩票购买者从中选取 t 个；

(2) 发行机构选择一次性的秘密数字 S，并严格保密。

2. 销售阶段

假设 Alice 购买了当期销售的第 $l(l \geqslant 1)$ 注彩票，步骤如下：

（1）Alice 从公布的 n 对数据中选取 t 对，记为 (i_1, x_1)，…，(i_t, x_t)；，Alice 选取随机数 s_{i_1}，…，s_{i_t}，并计算 $y_j = g^{s_j}$（$j = i_1$，…，i_t）和 $h_t = H(s_{i_1} \| \cdots \| s_{i_t})$；通过 (x_{i_1}, y_{i_1})，…，(x_{i_t}, y_{i_t})，Alice 生成 $f(x) = c_0 + c_1 x + \cdots + c_{t-1} x^{t-1}$，计算 $y_j = f(x_j)$，$j \in (1, \cdots, n) \backslash \{i_1, \cdots, i_t\}$，并将 (x_1, y_1)，…，(x_n, y_n) 发送给发行机构；

（2）发行机构收到 Alice 的 (x_1, y_1)，…，(x_n, y_n)，并任选 t 个点恢复出 $f(x)$，用其余的 $(n-t)$ 个点验证。如果验证通过，则将 (x_1, y_1)，…，(x_n, y_n) 存储在数据库中，以备兑奖阶段使用。然后，发行机构计算

$$
\begin{cases}
\beta_i = g^{r_i} \\
M_i = H(i \| l \| S) \quad (i = 1, \cdots, n) \\
\gamma_i = M_i y_i^{r_i}
\end{cases}
$$

其中，r_1，…，r_n 是随机数。最后，发行机构生成彩票 $LT_l = l \| (\beta_1, \gamma_1) \| \cdots \| (\beta_n, \gamma_n)$，并发送给 Alice；

（3）Alice 计算 $M_j = \dfrac{\gamma_j}{\beta_j^{s_j}}$，$j \in \{i_1, \cdots, i_t\}$，得到 t 个收据，记载并掩盖 Alice 的 t 个选择，保证准确性和隐私性。

3. 摇奖阶段

在摇奖阶段，彩票销售系统已经关闭，任何人都无法再购买到彩票。假设在销售阶段共有 m 张彩票被售出，则摇奖阶段，中奖数字的产生如下所述：

（1）发行机构公布一次性秘密值 S 的 hash 值，所有彩票购买者公布 $(1, h_1), \cdots, (m, h_m)$；

（2）发行机构构造通过 $(1, h_1), \cdots, (m, h_m)$ 和 $(m+1, h_{m+1})$ 的多项式 $A(x) = a_0 + \cdots + a_{m-1}x^{m-1} + a_m x^m$，其中 $h_{m+1} = H(S)$。显然向量 $(a_0, \cdots, a_m)$ 的生成融入了所有彩票购买者和发行机构的参与，除非所有参与者合谋，因为 $(a_0, \cdots, a_m)$ 是随机的；

（3）发行机构公布 $\{(a_0 \bmod n)+1, \cdots, (a_{t-1} \bmod n)+1\}$ 为中奖数字 $W = \{\text{win}_1, \cdots, \text{win}_t\}$，并公布 $A(x)$ 供验证使用。在 W 中，如果一个数字出现多次，发行机构依次添加 $(a_j \bmod n)+1$ $(j=t, \cdots, m)$，直到有 t 个不同的元素为止。

4. 验证阶段

Alice 检查等式 $h_l = A(l)$ 是否成立，以验证自己的参与是否被融入了 $A(x)$ 的生成，并检查集合 $\{(a_0 \bmod n)+1, \cdots, (a_{t-1} \bmod n)+1\}$ 以确定中奖数字是否正确。如果上述验证均通过，则 Alice 确信该结果是随机的、公正的。

5. 兑奖阶段

（1）如果 Alice 的选择 $i_1, \cdots, i_t$ 与集合 W 中的元素一致，Alice 将她的 LT_l 以及 $s_{i_1}, \cdots, s_{i_t}$ 发送给发行机构；

（2）发行机构验证等式 $h_l = H(s_{i_1} \parallel \cdots \parallel s_{i_t})$ 和 $y_j = g^{s_j}$ $(j = i_1, \cdots, i_t)$ 是否成立。如果成立，则发行机构确信 Alice 是获奖者。

6.2 安全性分析

基于 OT 的互联网彩票协议不仅满足正确性、公平性、可追踪性、不可伪造性，而且具有健壮性以及高效性。

1. 正确性

正确性意味着彩票购买者可以自由选取中意的数字，而且自己的选择能被正确地记录且隐藏。

一方面，$f(x)$ 的 x 坐标和 y 坐标均由 Alice 在彩票销售阶段选取，因此，$f(x)$ 记录了 Alice 的选择；另一方面，Alice 选择的 t 对数据 (x_{i_1}, y_{i_1})，$\cdots$，(x_{i_t}, y_{i_t}) 被 (x_1, y_1)，$\cdots$，(x_n, y_n) 所掩盖，实现了隐私性。

2. 公平性

在互联网彩票协议中，公平性等价于随机性，如果中奖结果是随机的，则该结果是公平的。由于 $A(x)$ 通过 $m+1$ 个点 $(1, h_1)$，$\cdots$，(m, h_m)，$(m+1, h_{m+1})$，且 h_1，$\cdots$，h_m，h_{m+1} 由各彩票购买者与发行机构独立产生，因此 $A(x)$ 是随机的，除非全部的彩票购买者和发行机构合谋以控制结果。

3. 可追踪性

可追踪性保证彩票购买者可以验证自己的彩票数据是否参与了中奖数字的生成，如果是，可以确信该结果是公平的。

由于 $A(x)$ 是过 $m+1$ 个点 $(1, h_1)$，$\cdots$，(m, h_m)，$(m+1, h_{m+1})$ 的插值多项式，Alice 可以验证自己的第 l 注彩票数据是否满足等式，而且该验证不需要他人的协助。如果等式成立，Alice

有 $1-1/p$ 的概率相信可追踪性成立，当 p 是安全素数时，该概率趋近于 1。

4. 不可伪造性

不可伪造性指任何人试图伪造中奖彩票，在计算上是不可行的。我们假设 Eve 试图冒充 Alice 来伪造中奖彩票，Eve 需要发送 s_{i_1}，$\cdots$，s_{i_t} 给发行机构。但即使 Eve 在之前的环节已经收集到了 Alice 的 (x_1, y_1)，$\cdots$，(x_n, y_n)，Eve 并不能从中得到 $\{s_{t_1}, \cdots, s_{i_t}\}$，除非 Eve 能够求解离散对数困难性问题，而这在计算上是不可行的。

另外，基于安全 hash 函数的性质，Eve 也无法从 h_l 得到 $\{s_{i_1}, \cdots, s_{i_t}\}$。

因此，在离散对数困难性问题以及安全 hash 函数单向性的保障下，Eve 无法得到 Alice 私有的 $\{s_{i_1}, \cdots, s_{i_t}\}$ 以伪造中奖彩票。

5. 健壮性

在上述协议中，发行机构不再扮演可信第三方的角色，仅仅承担计算的职责。事实上，计算职责也可以由其他参与方承担，任何参与者均可根据公布的信息完成中奖数字生成的相关计算。在此情形下，由于可信第三方造成的瓶颈得以消除，这使得协议更具健壮性。

而且，在上述方案中，也不需要对 n 加以限制，这也使得协议更符合实际操作。

6. 高效性

在以往的协议中，延迟函数用来防止发行机构与不诚信的彩票购买者之间合谋伪造中奖彩票。延迟函数被定义为中等难度，既非容易，又非密码学意义上的困难，通常需要几个小时的运行。显然，这样的延迟函数一方面设计起来具有难度，因为并不了解攻击者的计算能力；另一方面，这样的设计也使得协议效率低下。而在本章设计的方案中，不再需要依赖延迟函数来阻止合谋攻击，使得协议的总体效率大幅提升。

第7章 抵抗侧信道攻击的
电子投票协议

7.1 研 究 背 景

投票在现代社会中是一件非常重要的事情，传统的投票使用选票和投票箱来保障选举的安全性和准确性，但针对传统选举的破坏行为时有发生，选票集一旦被破坏，就无法保证计票的准确性。

近年来，基于密码技术的电子投票协议得到了广泛的重视和发展，其具有一些显著的优点：成本低、安全性高，便于异地投票、计票方便等。

通常情况下，安全的电子投票协议应该满足准确性和广泛的可验证性。

准确性包括投票者的意图被正确记录、选票被正确的公布和计数。

广泛的可验证性包括投票者的验证性和监督者的验证性。

电子投票协议还应该能抵抗胁迫攻击，即投票者无法向他人证明自己的选票内容，同时，又要能验证自己的意图是否被正确地记录和计票。

为了实现这些安全性质，研究者设计了一系列的电子投票协议，例如基于一组 Mixnet 服务器实现选票的隐私性保护，即在一组服务器中，只要有一个是正常运行的，就足以保障选票的隐私性。

另外，同态技术也广泛地应用于计票中，各投票站收集上传投票者的选票时，无法得知选票的内容。

最近，有研究者设计出了基于可信任随机数发生器的 Bingo Voting 协议，同时实现了可验证性和抗胁迫性[18-20]。在 Bingo Voting 协议中，有两个地方用到可信任随机数，一个用于生成空选票来掩盖投票者的选举内容，一个是在投票时仅向投票者显示以保证可验证性。但是，对于 Bingo Voting 协议来说，有以下几个安全问题没有解决：

（1）如何抵抗侧信道攻击的问题。Bingo Voting 实现可验证性的方法很简单，即投票者在封闭的投票间选中候选人后，可验证随机数发生器生成一个随机数，并显示在发生器的显示屏上，投票者检查印在选票上对应的候选人后面的随机数与在显示器上的随机数是否相等，如果相等，则认为投票者的选举意图被正确地记录，而且被正确地掩盖。问题是如果投票者携带微型照相机进入投票间，对显示器上的数字进行拍照，则事后可以向他人证明他把选票投给了哪个候选人，这破坏了协议的安全性。

（2）对于电子投票协议来说，公众的接受程度是一个非常重要的指标，如果投票率过低，则结果是无效的。而一个投票协议如果密码学基础过于复杂，在远超普通公众想象的情况下，公众对这项技术的接受程度就会降低，转基因食品在中国的困境就是因为技术不能被公众理解。因此，有学者提出，电子投票协议的密码学基础应该降低到中学生可以理解的程度。

（3）Bingo Voting 依赖真随机数来实现可验证性和隐私性保护，由于真随机数具有不可再现的特点，一旦投票者离开投票站，就无法再验证选票是否反映了自己的选举意图。考虑到真随机数通常是一串很长的数字，要校对显示器与手中选票上数字的差别，有一定的困难，其中最主要的问题是会造成投票者的心理障碍。

本章设计了改进的 Bingo Voting 方案，主要特点是用可验证随机数代替可信任随机数，而且可验证随机数的生成融入了所有候选人的信息，而这些信息对于投票者来说是未知的，因此也是随机的。

相比 Bingo Voting 方案，改进的方案实现了以下两个安全目标：

（1）抵抗侧信道攻击。在改进的方案中，不再需要带有显示器的可信任随机数发生器，投票者除了得到选票的收据外，无法获得比旁观者更多的信息以证明自己的选票内容。

（2）事后验证。投票者在离开投票站后，仍然可以验证选票是否反映自己的选举意图，当然需要一些设备的辅助，但这些设备只承担计算功能，不具有任何被信任的角色。

7.2　信 任 假 设

电子投票协议中的参与方包括：选举中的权威机构、协助机构以及投票者。另外，投票机、投票间、公告板以及验证辅助设备也都是不可缺少的。为了使协议更具实用性，一些信任假设是必需的。

1. 权威机构

权威机构的职责包括：选票的分发、收集，信息的发布，系统的维护等。通常情况下，权威机构并不是被信任的，它有可能与其他人合谋以试图影响选举的结果。因此，权威机构的行为及操作应该受到监督及检查。

2. 协助机构

协助机构主要帮助投票者按协议规定的流程参与投票过程。通常情况下，协助机构也不总是被信任的，但协助机构有很多，假设至少有一个是诚实的（如果全部的协助机构都是不诚实的，那么协议的安全性将很难保证）。

如果一个参与合谋的协助机构没有正常地发挥作用，投票者可以向另外一个协助机构寻求帮助，另外，不诚实的协助机构也会受到严厉惩罚。

3. 投票者

投票者的主要任务是按照自己的意愿，遵从协议流程，正确地投票。

另外，投票者也是潜在的攻击者，有可能会出售自己的选票，或服从于其他胁迫者而不按自己的意愿投票，这样的行为应该从技术角度被阻止。

4. 投票机

投票机不仅接收投票者的选票，也生成相应的收据，而且还要统计本机接收的选票，公布结果及相关的证据。

投票机所面临的威胁可分为两类：潜信道攻击和侧信道攻击。潜信道攻击指选举设备及在设备中存储和传输的数据被窃听、篡改或破坏，使得协议的安全性受到影响；侧信道攻击指攻击者利用设备从投票系统的外部获得相关信息，比如用微型摄像机或信号记录仪等收集相关信息（在文献[20]中有侧信道攻击的详细描述）。在电子投票协议设计中，假设潜信道攻击是不可行的，因为可以通过一些物理手段保证设备的完整性和功能性。

另外，Rivest 等提出了电子投票中的"软件独立"概念，即如果未被探测到的变化不能引起结果的显著变化，就称软件是独立的[21]。

5. 投票间

投票间是一个封闭的安全区域，可以保证投票者的隐私。但如果投票者在投票间非法操作，监督机构也无法发现，这使得投票者有可能利用投票间发起侧信道攻击。

6. 公告板

投票机认证的相关信息经由公告板发布，任何人可以在公告板观看到发布的信息，且监督公布的信息是否被修改。

7. 验证辅助设备

验证辅助设备帮助协议参与者验证手中的选票。验证辅助设备可以是投票机构提供的，也可以运行在投票者的移动终端上，这保证了投票者即使在离开投票站之后，仍能验证手中票据的真伪性和正确性。

7.3 改进的 Bingo Voting 协议

7.3.1 Bingo Voting 概述

Bingo Voting 依靠可信任随机数发生器生成的随机数，掩盖投票者的真实意图，同时实现了隐私性和可验证性。Bingo Voting 包括几个阶段：投票前阶段、投票阶段、投票后阶段。

在投票前阶段，投票机为每个候选人 $P_i(i=1,\cdots,n)$ 生成 l 个空选票，其中 l 是合法注册的投票者的数量，这些空选票被用密码方式做承诺，并打乱顺序之后公布。这样保证任何人想从被公布的信息得到空选票，在计算上是不可行的。

在投票阶段，当候选人 P_i 被投票者 V_l 选中时，可信任随机数发生器生成并显示一个随机数 R_l，投票系统把 R_l 分配给 P_i。投票者检查显示在随机数发生器上的数字和印在手中选票上的数字是否相同，如果相同，投票者 V_l 可以相信他选中的候选人被正确地记录。同时，每一个未被 V_l 选中的候选人 $P_j(j\neq i)$ 则被分配一个空选票，空选票事实上也是一个随机数，没有人能分辨出空选票和新生成的随机数的差别，这样就保证了协议的无收据性。选票收据被公布在公告板上，投票者可以检查手中选票上的数据与公布的数据是否一致，如果一致，则相信自己的选票被正确地记录。

在投票后阶段，计票结果以及相关的证据被公布，证据包括：第一，在投票阶段没有使用过的空选票被打开；第二，没有被打开的空选票要被证明确实用在了某一个选票上，但没有人知道用在了哪一张选票上。

计票的方法也很简单，当某个候选人 P_i 得到一次投票时，P_i 被分配新产生的随机数而没有使用空选票，这样 P_i 就会相应多出一张未被使用的空选票，因此，计票结果就是统计每个候选人未被使用的空选票的数量。

如果一个投票者将他的选票权售于他人，他需要证据证明自己的选票投给了哪个候选人。但在 Bingo Voting 中，如果投票者对可信任随机数发生器的显示结果拍照，就可证明自己的选票投给了哪个候选人，他人只需要检查照片中的随机数与特定的候选人后面的随机数是否相同即可。这样的攻击就是侧信道攻击的一种典型形式。

本章设计的协议方案主要贡献在于使用可验证随机数代替可信任随机数，以反映和掩盖投票者的投票内容，由于不再需要带显示器的可信任随机数发生器，任何人都无法得到除了选票收据之外的任何信息，这样有效地阻止了选票买卖或胁迫攻击。

7.3.2 一个实例

假设有四个候选人 P_1，P_2，P_3，P_4，五个投票者 V_1，V_2，

V_3，V_4，V_5，所有的计算均在有限域 F_p 上运行，其中 p 是安全大素数。为简单化，假设四个候选人 P_1，P_2，P_3，P_4 的身份编号也都取自 F_p。

1. 投票前阶段

投票机为每个候选人按照注册的合法投票人的数量生成空选票，空选票包括候选人的身份编号和随机数，例如，P_1 有五张空选票，分别是(P_1,r_1^1)，(P_1,r_2^1)，(P_1,r_3^1)，(P_1,r_4^1)，(P_1,r_5^1)。所有的空选票被承诺、打乱并公布，如图 7.1 所示。

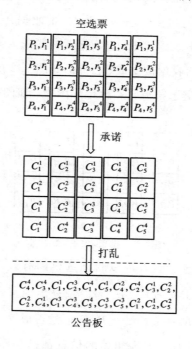

图 7.1　投票前阶段

图 7.1 中，从下层的数据推导出上层的数据，在计算上是不可行的，即无法通过计算得到空选票和被公布的承诺值之间的对应关系。

2. 投票阶段

假设 V_1 把选票投给候选人 P_2，投票机为其他候选人各分配一个空选票，记为 (P_1, r_1^1)，(P_3, r_1^3)，(P_4, r_1^4)。然后，投票机生成一个通过 (P_1, r_1^1)，(P_3, r_1^3)，(P_4, r_1^4) 的多项式 $A_1(x)$，将 P_2 代入 $A_1(x)$，得到可验证随机数 $R_1 = A_1(P_2)$。将 (P_1, r_1^1)，(P_2, R_1)，(P_3, r_1^3)，(P_4, r_1^4) 作为 V_1 的收据并公布。

同样，假设 P_3，P_3，P_4，P_1 分别被候选人 V_2，V_3，V_4，V_5 选中，他们的选票收据被生成、公布，如图 7.2 所示。与此同时，所有被使用过的空选票被阴影标记于图中，如图 7.3 所示。

V_1	V_2	V_3	V_4	V_5
P_1, r_1^1	P_1, r_2^1	P_1, r_3^1	P_1, r_4^1	P_1, R_5
P_2, R_1	P_2, r_2^2	P_2, r_3^2	P_2, r_4^2	P_2, r_5^2
P_3, r_1^3	P_3, R_2	P_3, R_3	P_3, r_4^3	P_3, r_5^3
P_4, r_1^4	P_4, r_2^4	P_4, r_3^4	P_4, R_4	P_4, r_5^4

图 7.2 投票者的选票收据

投票者和其他旁观者可以验证选票的有效性，如 V_1 可根据三点 (P_1, r_1^1)，(P_3, r_1^3)，(P_4, r_1^4) 恢复出 $A_1(x) = a_2 x^2 + a_1 x + a_0$，并检查等式 $R_1 = a_2 P_2^2 + a_1 P_2 + a_0$ 是否成立。另外，旁观者也能检查 V_1 的合法性，因为相关的信息都是公布的，旁观者检查 (P_1, r_1^1)，(P_2, R_1)，(P_3, r_1^3)，(P_4, r_1^4) 中的任何三个点是否能

P_1, r_1^1	P_1, r_2^1	P_1, r_3^1	P_1, r_4^1	P_1, r_5^1
P_2, r_1^2	P_2, r_2^2	P_2, r_3^2	P_2, r_4^2	P_2, r_5^2
P_3, r_1^3	P_3, r_2^3	P_3, r_3^3	P_3, r_4^3	P_3, r_5^3
P_4, r_1^4	P_4, r_2^4	P_4, r_3^4	P_4, r_4^4	P_4, r_5^4

图 7.3　投票结束后的空选票状态

恢复出相同的多项式。当然，这一检验过程基于使用的空选票应该满足正确性这一前提，相关的零知识证明在后面会给出。

由于 (P_2, R_1) 与 (P_1, r_1^1)，(P_3, r_1^3)，(P_4, r_1^4) 具有不可区分性，V_1 无法向其他人证明自己把选票投给了 P_2。

3. 投票后阶段

（1）在投票阶段，当一个投票者投票时，每一个未被选中的候选人均被分配一个空选票，这些空选票被标记为"已用过"。因此，每个候选人的得票数等于没有被标记的空选票数量。在图 7.3 中，第一行仅有一个未被标记的空选票，表明 P_1 获得一次选票。同理，P_2 和 P_4 各获得一次投票，而 P_3 得到两次投票；

（2）由于 (P_1, r_5^1)，(P_2, r_1^2)，(P_3, r_2^3)，(P_3, r_3^3)，(P_4, r_4^4) 从未被使用过，他们的承诺值 C_5^1，C_1^2，C_2^3，C_3^3，C_4^4 被打开，这并不影响选票的隐私性；

（3）对于每一张公布的选票收据，投票机证明每张选票上的空选票数量是正确的。证明过程如下。

首先，投票机对不是空选票的内容 (P_2, R_1)，(P_3, R_2)，(P_3, R_3)，(P_4, R_4)，(P_1, R_5) 做承诺，得到 C_{R_1}，C_{R_2}，C_{R_3}，C_{R_4}，C_{R_5}。

然后，投票机证明集合 $\{C_1^1, C_{R_1}, C_1^3, C_1^4\}$ 中的每一个元素确实是集合 $\{(P_1, r_1^1), (P_2, R_1), (P_3, r_1^3), (P_4, r_1^4)\}$ 中某一个元素的承诺值，但并不知道两个集合中元素之间的对应关系。该过程如图 7.4 所示。

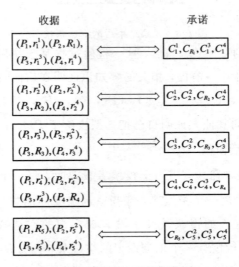

$$收据 \qquad\qquad 承诺$$

公布投票者收据与相应的承诺值之
间的零知识证明

图 7.4　使用过的空选票被正确使用的零知识证明

从例子中可以看出，Bingo Voting 与改进方案的主要区别在于，改进版方案使用空选票的信息来生成随机数，而非使用可信任随机数。因此，改进方案继承了 Bingo Voting 的优点，同时消除了侧信道攻击的风险。

7.3.3　改进的 Bingo Voting

改进的 Bingo Voting 允许投票者从 n 个候选人中选出一个，

与 Bingo Voting 一样也包含三个阶段：投票前阶段、投票阶段和投票后阶段。

1. 投票前阶段

选举权威机构选取并公布安全素数 p，以保证穷举攻击在计算上是不可行的，所有的计算都在有限域 F_p 上。

投票机为每个候选人生成空选票，空选票的数量等于合法的投票者的数量，这些空选票被做承诺并洗牌后公布在公告板上。从这些公告板的信息并不能得到空选票的内容。

具体地，假设有 l 个合法的投票者 V_1，V_2，$\cdots$，V_l，有 n 个候选人 P_1，P_2，$\cdots$，P_n，$P_i(1 \leqslant i \leqslant n)$ 的 l 个空选票记为 (P_i, r_1^i)，$\cdots$，(P_i, r_l^i)，，其中 r_1^i，$\cdots$，$r_l^i \in F_p$ 是在投票辅助机构和投票者代表监督下生成的。(P_i, r_1^i)，$\cdots$，(P_i, r_l^i) 对应的承诺值为 C_1^i，$\cdots$，C_l^i，本文采用 Pedersen 承诺方案（已在第 2 章介绍过）。承诺值被打乱[22]并公布在公告板上。

2. 投票阶段

假设候选人 P_i 被投票者 V_t 选中，投票机按如下步骤生成投票收据：

（1）投票机为每个未被选中的候选人 $P_j(j \neq i)$ 分配一个空选票，每一个空选票仅能被使用一次，使用过的被标注，这 $n-1$ 个空选票记为 (P_1, r_t^1)，$\cdots$，(P_{i-1}, r_t^{i-1})，(P_{i+1}, r_t^{i+1})，$\cdots$，(P_n, r_t^n)；

（2）用上述 $n-1$ 个点生成多项式

$$A_t(x) = a_{n-2}x^{n-2} + \cdots + a_1 x + a_0$$

类似于求解矩阵方程

$$
\begin{pmatrix}
P_1^{n-2} & \cdots & P_1 & 1 \\
\vdots & & \vdots & \vdots \\
P_{i-1}^{n-2} & \cdots & P_{i-1} & 1 \\
P_{i+1}^{n-2} & \cdots & P_{i+1} & 1 \\
\vdots & & \vdots & \vdots \\
P_n^{n-2} & \cdots & P_n & 1
\end{pmatrix}
\begin{pmatrix}
a_{n-2} \\
\vdots \\
a_{n-i} \\
a_{n-i-1} \\
\vdots \\
a_0
\end{pmatrix}
=
\begin{pmatrix}
r_t^1 \\
\vdots \\
r_t^{i-1} \\
r_t^{i+1} \\
\vdots \\
r_t^n
\end{pmatrix}
\tag{7.1}
$$

然后，投票机将 P_i 的身份信息代入多项式 $A_t(x)$，得到 $A_t(x) = A_t(P_i)$，$A_t(x)$ 被分配给被选中的候选人 P_i。

显然，由于 $r_t^1, \cdots, r_t^{i-1}, r_t^{i+1}, \cdots, r_t^n$，是随机数，且对所有投票者来说是未知的，$A_t(x)$ 也是随机的。因此，$R_t = A_t(P_i)$ 可被用来代替可信任随机数以掩盖投票者的选举内容；

（3）$(P_1, r_t^1), \cdots, (P_{i-1}, r_t^{i-1}), (P_i, R_t), (P_{i+1}, r_t^{i+1})$，$\cdots, (P_n, r_t^n)$ 被印在 V_t 的选票上，并发布在公告板上。

选票是否如实反应了投票者的意图，投票者可按如下方式检验：

（1）投票者 V_t 使用辅助验证设备检验等式 $R_t = A_t(P_i)$ 是否成立，即使用 $(P_1, r_t^1), \cdots, (P_{i-1}, r_t^{i-1}), (P_{i+1}, r_t^{i+1}), \cdots, (P_n, r_t^n)$ 生成多项式 $A_t(x)$，并将 $x = P_i$ 代入。如果 $R_t = A_t(P_i)$ 成立，则投票者 V_t 相信选票收据正确地记录了自己的选举意图。当然，这样的验证基于未被选中者均被正确地分配空选票这一假设，而且如果攻击者试图修改投票机内的数据，这样的潜信道攻击也能够被投票协助机构或投票者检测到；

（2）任何一个旁观者同样可以检验 $(P_1, r_t^1), \cdots, (P_{i-1},$

r_t^{i-1}），(P_i, R_t)，(P_{i+1}, r_t^{i+1})，$\cdots$，(P_n, r_t^n) 中的任意 $n-1$ 对数据是否可以恢复出相同的多项式。如果是，则可相信该收据是合法的；

（3）没有人能够区分空选票中的 r_t^1，$\cdots$，r_t^{i-1}，r_t^{i+1}，$\cdots$，r_t^n 和 R_t 之间的差别，这样保证了无收据性的实现。无收据性并非不提供收据，而是收据并不提供任何能证明投票内容的信息。

上述三个验证步骤既可在投票间进行，也可在其他地方进行，保证了事后验证的实现，这对于消除投票者的心理障碍起到了积极作用。

3. 投票后阶段

为了计票方便，协议在第一个阶段为每个候选人生成了相同数量的空选票，而且在这一阶段，应该向公众证明每个候选人确实得到了相同数量的空选票：

（1）当一个候选人得到一次投票时，相应的空选票就少使用一个。因此，在没一个投票者缺席的情况下，候选人得到的选票数等于没有被使用的空选票的数量；

（2）投票机打开所有未使用过的承诺，即公开未使用的空选票与他的承诺值的对应关系；

（3）投票机公布每一个选票和上面随机数的承诺值的零知识证明关系，即证明每一个未被打开的(使用过的)承诺确实被用在了某一张选票上，但又不让其他人知道用在了哪张选票上。

在二选一的情况下，因为通过一个点无法唯一确定多项式，即按上述方法无法生成选票收据，因此对上述方法做小的改进，使其适应二选一的情形。

在投票前阶段，投票机选取并公布一随机数 a_0。在投票阶段，假设 P_2 被 V_t 选中，则有唯一的线性多项式 $A_t(x) = a_1 x + a_0$ 通过点 (P_1, r_t^1)，投票机将 $A_t(P_2)$ 分配给 P_2。

另外，本章所提出的 n 选 1 方案可以很容易地改进为 n 选 t 方案。使用 $n-t$ 个未被选中的候选人的空选票，生成 $n-t-1$ 次多项式，将 t 个被选中候选人的身份编号代入该多项式得到 t 个可验证随机数，分别分配给相应的候选人，并生成选票收据。

协议安全性实现的一个前提是，空选票被投票机正确地分配给各个候选人。这一假设可以通过技术及管理措施实现。

7.4 安全性分析

改进的 Bingo Voting 不仅继承了以前的正确性、广泛的可验证性以及无收据性，而且实现了两个新的安全目标：抵抗侧信道攻击和支持事后验证。

1. 正确性

投票者 V_t 验证等式 $R_t = A_t(P_i)$ 以确信收据生成正确，检查公告板与收据，确信公布的数据正确，根据公布的零知识证据，确信计票结果正确。

2. 广泛的可验证性

广泛的可验证性包括两个方面：个体的可验证性和公众的可验证性。

个体的可验证性意味着投票者可以验证选票是否正确反映并

掩盖了选举的意图。事实上，因为 (P_1, r_t^1)，…，(P_{i-1}, r_t^{i-1}) 是由投票者 V_t 决定的，V_t 才是多项式 $A_t(x)$ 的最终决定者。V_t 能根据选票收据恢复出多项式 $A_t(x)$ 并验证 $R_t = A_t(P_i)$ 是否成立，如果成立，则确信收据正确地记录并掩盖了投票者的选举意图。

公众验证使得任何一个旁观者可以检查选票 (P_1, r_t^1)，…，(P_{i-1}, r_t^{i-1})，(P_i, R_t)，(P_{i+1}, r_t^{i+1})，…，(P_n, r_t^n) 是否合法。由于 $R_t = A_t(P_i)$，使得通过 n 个点 (P_1, r_t^1)，…，(P_{i-1}, r_t^{i-1})，(P_i, R_t)，(P_{i+1}, r_t^{i+1})，…，(P_n, r_t^n) 的多项式次数不是 $n-1$ 而是 $n-2$，这意味着任意 $n-1$ 点都能恢复出相同的多项式。因此，旁观者可以验证公布的选票是否具有合法性和完整性。

引理 7.1　如果空选票是随机的，则 $R_t = A_t(P_i)$ 也是随机的。

证明　计算得到通过 $n-1$ 个点 (P_1, r_t^1)，…，(P_{i-1}, r_t^{i-1})，(P_{i+1}, r_t^{i+1})，…，(P_n, r_t^n) 的多项式中

$$A_t(x) = a_{n-2}x^{n-2} + \cdots + a_1 x + a_0$$

根据范德蒙行列式知识，当 $P_i \neq P_j (1 \leqslant i, j \leqslant n)$ 时，可得

$$
\begin{pmatrix} a_{n-2} \\ \vdots \\ a_{n-i} \\ a_{n-i-1} \\ \vdots \\ a_0 \end{pmatrix} = \begin{pmatrix} P_1^{n-2} & \cdots & P_1 & 1 \\ \vdots & & \vdots & \vdots \\ P_{i-1}^{n-2} & \cdots & P_{i-1} & 1 \\ P_{i+1}^{n-2} & \cdots & P_{i+1} & 1 \\ \vdots & & \vdots & \vdots \\ P_n^{n-2} & \cdots & P_n & 1 \end{pmatrix}^{-1} \begin{pmatrix} r_t^1 \\ \vdots \\ r_t^{i-1} \\ r_t^{i+1} \\ \vdots \\ r_t^n \end{pmatrix} \tag{7.2}
$$

显然，

$$R_t = A_t(P_i) = (P_i^{n-2}, \cdots, P_i, 1)\begin{pmatrix} a_{n-2} \\ \vdots \\ a_{n-i} \\ a_{n-i-1} \\ \vdots \\ a_0 \end{pmatrix} \tag{7.3}$$

由于 $r_t^1, \cdots, r_t^{i-1}, r_t^{i+1}, \cdots, r_t^n$ 是在监督下生成的随机数，因此 $R_t = A_t(P_i)$ 也是随机的。

定理 7.1　如果协议被正常的执行，伪造选票在计算上是不可行的。

证明：由引理 7.1 可知，$R_t = A_t(P_i)$ 是随机的，可以替代 Bingo Voting 中可信任随机数，以反映和掩盖投票者的选择。

如果收据中的空选票 $(P_1, r_t^1), \cdots, (P_{i-1}, r_t^{i-1}), (P_{i+1}, r_t^{i+1}), \cdots, (P_n, r_t^n)$ 被伪造，则使用零知识证明每一个被使用过的空选票的正确性时，可以被发现。

如果可验证随机数 R_t 被伪造，则可以有 $1-1/p$ 的概率被发现，因为 $A_t(P_i)$ 随机分布在有限域 F_p，考虑到 p 是安全大素数这一事实，攻击者试图伪造可验证随机数 R_t 在计算上是不可行的。因此，选票收据具有计算上的安全性。

3. 无收据性

无收据性指选票收据不泄露投票者的任何投票意图。如果一个投票者试图出售自己的投票权，他需要事后向出钱者证明他按照对方的要求投票。无收据性则是保证投票者无法向他们证明自己的投票内容，可以有效地阻止贿选攻击。

定理 7.2　协议中的收据无法证明哪一个候选人被选中。

证明：假设 V_t 根据贿选者的要求，投票给了候选人 P_i，并得到相应的收据 $(P_1, r_t^1), \cdots, (P_{i-1}, r_t^{i-1}), (P_i, R_t), (P_{i+1}, r_t^{i+1}), \cdots, (P_n, r_t^n)$。

对于除了 V_t 之外的其他人，没有办法区分 (P_i, R_t) 和 (P_j, r_t^j)。因此，如果 P_i 的角色换成 P_j，即 $A_t(x)$ 通过除了 (P_j, r_t^j) 之外的所有点，并且等式 $r_t^j = A_t(P_j)$ 依然成立。即使投票者 V_t 声称把选票投给了候选人 P_i，但因为 $(P_1, r_t^1), \cdots, (P_{i-1}, r_t^{i-1}), (P_i, R_t), (P_{i+1}, r_t^{i+1}), \cdots, (P_n, r_t^n)$ 在恢复多项式及验证等式中具有平等地位，使得 V_t 并无证据证明被选中的不是 P_j，而是 P_i。

因此，选票收据无法泄露投票内容的任何有效信息。

4. 抵抗侧信道攻击

改进的 Bingo Voting 可以抵抗来自不诚实的投票者的侧信道攻击。在 Bingo Voting 中，带有显示器的可信任随机数发生器用来保障协议的隐私性和可验证性，但如果投票者使用微型照相机对显示器拍照，则可以记录下分配给自己的可信任随机数的内容，这足以证明他把选票投给了哪位候选人。

而在改进的方案中，多项式的生成及代入运算均在投票机内部进行，根据之前潜信道攻击可以避免的假设，所有攻击者无法使用微型照相机获得任何信息。

协议的无收据性和抵抗侧信道攻击，保证了协议是抗胁迫攻击的。

5. 事后验证

在 Bingo Voting 中，投票者必须在投票间现场检查选票与可信任随机数发生器上显示的数字的异同。而在改进的 Bingo Voting 中，投票者可以仅凭收据上的信息验证选票是否符合自己的意愿，因此投票者在离开投票间后仍可以验证选票，这对于提高协议的可接受程度具有重要意义。

第 8 章　智能电网中的轻量级通信协议

8.1　研　究　背　景

电力供应的可靠性非常重要，但由于电力系统的复杂性，使得电力事故的发生不可避免。2003 年北美大停电事故造成了高达 60 亿美元的损失；2012 年印度全国一半面积的停电事故造成 6 亿的损失。造成电力事故的一个重要原因是缺乏对事故的及时诊断，又由于电网的互联特性，使得一个事故点造成的电网负载不平衡很快波及到很大范围。因此，对电网运行状态进行实时监控非常必要。

然而在传统电网中，供电者仅负责电力的生成与供应，无法实时掌握用电数据并采取调度措施。在这种情况下，随着网络通信技术的发展，智能电网应运而生。其包括电力架构和通信架构两个部分，前者负责把电流分发到用户，后者则在电力调试中心和用户之间建立一条双向信道。在本章中，我们只关注后者。

在智能电网中，每个用户装配一些智能电表采集用户的电力使用数据，发送给调度中心，并接收来自调度中心的调令。例如，当负载将要达到峰值时，调度中心通知一些用户暂停部分电力设备的使用，并给予相应补偿，这种方式有利于精确调度。为了使电力设备及电表具有更好的通信能力，基于互联网协议的技术被用于智能电网，拥有 IP 地址的电器设备更有利于远程调度管理。

然而，正如互联网目前受到各种攻击一样，融合了互联网的智能电网技术也面临着被攻击的威胁。由于智能电表及各种网络接口遍布各地，使得网络黑客容易进入电网的通信架构。通常情况下，黑客针对智能电网的攻击分为四类：设备攻击、数据攻击、隐私攻击、网络可靠性攻击。其中设备攻击指攻击者试图危害电网通信设备即通常的物理攻击；数据攻击指修改或伪造智能电网中的数据以诱使调度部门做出错误的指令；隐私攻击指攻击者试图窃听传输数据以获得用户隐私；而可靠性攻击则指攻击者试图耗尽终端设备的存储空间及能源储备。

为了保障智能电网中的信息安全，国内外学者做了大量的研究，给出了一系列解决方案，除了加强物理防范外，使用密码技术是一个主要的选择。2011 年，Fouda 等人使用 Diffie - Hellman 和基于 hash 的认证码给出了智能电网中的消息认证协议[23]，记为 Fouda 协议。Fouda 协议实现了在智能电表和社区网关之间的会话密钥的分发，之后会话密钥用于智能电表和社区网关之间的加解密通信。但 Fouda 协议并不是完美的，如果被加密的调度指令被攻击者得到，攻击者可以通过重复发送这一信息以诱使智能电表错误操作，这是重放攻击的主要形式。当然，Fouda 协议可以通过更新会话密钥阻止重放攻击，但考虑到 Diffie - Hellman 协议需要指数运算、公钥加解密以及数轮的数据交换，这对于计算能力有限的智能终端也许并不合适。2012 年，Lu 等人设计了基于同态技术的数据整合协议，该协议可以在保护数据隐私的情况下完成数据整合[24]，而且调度中心可以在不需要社区网关协助的情况下得到用户的终端数据。但该协议同样需要复杂的模指数运算，尤其是在实时采集数据并传输时，过于频繁的运算使得该协议不能算是轻量级的。

最近，Li 等人设计了智能电网中可认证的通信协议[25]，该协议使用 Merkle Hash Tree（MHT）[26]，此处记为 Li 协议。Li 等人声称他们实现了四个安全目标：检测重放攻击、消息来源认证、机密性保护以及完整性保护。Li 协议确实实现了这四个目标，尤其是 Li 协议使用非常高效的异或算法代替其他方案中复杂的加解密算法，这对于提高计算的效率具有重要作用。

然而，由于 MHT 本身的特征，使得 Li 协议的存储、通信负担并不是高效的。具体地，假设智能电表每 15 分钟采集一次数据并加密传输给社区网关，即一天发送 96 份电力使用报告。为了安全传输这 96 份数据，智能电表需要构造一个 7 层的 MHT，包含 128 个叶结点、127 个中间结点和一个根结点，它们构成 128 条认证路径信息（Authentication Path Information，API），API 被存储在智能电表中。当一份用电实时数据被加密并传输时，一个相应的 API 同时被电表发送到社区网关。在现实中，电力数据格式固定且数据量较小，那么 API 就占据了较大比例的存储空间与通信带宽。另外，如果实时数据的采集区间由 15 分钟降低到 5 分钟或 1 分钟时，API 占据的比例会更大。从这个角度来看，Li 协议并不是轻量级的。

本章给出了一种轻量级的可认证通信协议（Lightweight

Authenticated Communication，LAC），除继承 Li 协议的各项安全性质外，LAC 实现了如下两点：

（1）存储及通信负担相比使用 MHT 的 Li 协议，大幅降低。

（2）在智能电表和社区网关间实现了双向可认证通信，而在 Li 协议中，仅实现了从智能电表到社区网关的单向通信。

LAC 协议说明使用的符号如表 8.1 所示。

表 8.1　LAC 协议说明中的所有符号

$h(x)$	安全散列函数
‖	前后连接符
Enc_k，Dec_k	使用对称密钥 k 做加解密
$\oplus$	比特异或运算
F_p	有限域，其中 p 是安全大素数

8.2　研究目的

本章关注智能电网的通信架构安全，下面介绍与研究相关的通信模型、安全目标以及必要的假设。

智能电网中的通信架构通常分为三层：最下层是家庭网（Home Area Network，HAN），包括一些智能电表及电器；中间层是社区网（Neighborhood Area Network，NAN），通过配电站将多个家庭网连接到社区网关；最上层是广域网（Wide Area Network，WAN），由调度中心管理。HAN 中的智能电表实时采集用户的电力使用数据，并生成消费报告，加密后发送给社区网关；社区网关聚合收到的数据并发送给调度中心。调度中心根据收到的数据发出相应的调度指令给社区网关，随后指令被下发给智能电表。系统模型如图 8.1 所示。

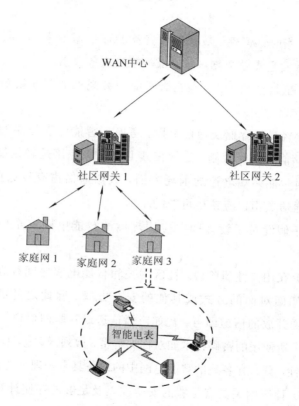

图 8.1 智能电网通信架构

　　本章致力于社区网关和智能电表之间可认证安全通信的建立，为简单化，假设一个用户装配一个电表，因此在下文中，智能电表与用户通用，记为 U。

智能电网的安全目标至少应包括以下内容：

（1）机密性和完整性。机密性是一个基本要求，任何人不能获得其他用户的电力使用数据，而且电力报告的完整性应该得到保障。

（2）实时认证性。数据接收者能验证数据的来源，阻止非法用户大量发送无效数据，即能抵抗拒绝服务攻击。

（3）抵抗重放攻击。攻击者不能用旁观来的调度指令发起重放攻击。

（4）轻量级存储及通信负担。考虑到智能电表终端的计算能力及存储能力均受限制，运行在其上的算法应该是轻量级的。另外，在对智能终端电池的消耗方面，数据通信占有较大的比例，因此，通信负担也应该尽可能的小。

以下假设对于设计面向应用环境的智能电网安全协议是必须的：

（1）在用户注册阶段，社区网关和智能电表之间存在安全信道，比如面对面的方式或其他的安全方式。除此之外的其他环节，仅需开放的信道即可，比如广播信道或互联网信道。

（2）所使用的密码技术如对称加解密、散列函数等具有计算上的安全性，分布在各地的智能电网中的设备具有物理上的安全性。

（3）社区网关具有足够的安全性以及足够的存储计算能力。

8.3　基　础　知　识

1. 拉格朗日插值

在文献[27]中的定理 1.6.1 证明了过 $n+1$ 个点存在唯一的

n 次多项式。设 $\alpha_0, \cdots, \alpha_n$ 是域 F 上 $n+1$ 个不同的元素，$\beta_0, \cdots,$ β_n 是 $n+1$ 个任何元素，则存在唯一的不超过 n 次的多项式 $f(x)=a_0+\cdots+a_n x^n$，使得 $f(\alpha_i)=\beta_i(1 \leqslant i \leqslant n)$。具体可用解如下矩阵方程的方式计算：

$$
\begin{bmatrix}
1 & \alpha_0 & \cdots & \alpha_0^n \\
1 & \alpha_1 & \cdots & \alpha_1^n \\
\vdots & \vdots & \vdots & \vdots \\
1 & \alpha_n & \cdots & \alpha_n^n
\end{bmatrix}
\begin{bmatrix}
a_0 \\
a_1 \\
\vdots \\
a_n
\end{bmatrix}
=
\begin{bmatrix}
\beta_0 \\
\beta_1 \\
\vdots \\
\beta_n
\end{bmatrix}
\tag{8.1}
$$

2. 可认证的密钥协商

在不安全的网络环境中，如果用户想同服务器端建立安全信道，首先需要通过智能卡或口令等措施验证身份，然后在他们之间共享一个密钥，这个过程简记为可认证的密钥协商（Authenticated Key Agreement，AKA）。通过共享的密钥，可以保证通信的机密性和认证性。

目前，已经有很多成熟的 AKA 方案，通常包括几个阶段：注册阶段、认证阶段、密钥协商阶段、更新阶段。在本章中，使用文献[28]中的 AKA 方案，记为 Sun - AKA。

8.4　LAC 协议

LAC 协议以拉格朗日插值多项式为工具，保障智能电表与社区网关之间的实时通信。其与 Li 协议相比，具有两个显著的优点：

第一，实现了双向通信，这在 Li 协议中是不可能的；

第二，存储及通信负担被显著降低。

LAC 分为三个阶段：双向认证密钥协商阶段、每日初始化阶段、数据传输阶段。

1. 双向认证密钥协商阶段

在这一阶段，U_i 和 NG 通过 Sun – AKA 协议共建密钥 K_i，包括以下步骤：

（1）U_i 向 NG 注册，NG 向 U_i 颁发智能卡；

（2）使用智能卡，U_i 和 NG 相互认证，并且建立共享密钥 K_i，U_i 和 NG 的后续通信都使用 K_i 为对称密钥进行加解密；

（3）U_i 可以在任何时候更新 K_i，在实践中可根据面临的安全环境选择更新频率。

2. 每日初始化阶段

与 Li 协议相同，假设智能电表每 15 分钟采集一次数据并传送到社区网关，实时数据记为 $D_i(i=1,\cdots,96)$，为了保护实时数据需要使用随机数对它们进行加密。

在本阶段，完成随机数以及相关认证信息的生成存储工作，包括以下步骤：

（1）NG 选取随机数 fr，对其加密并将 $\mathrm{Enc}_{K_i}(fr)$ 发送给 U_i，其中 $\mathrm{Enc}_{K_i}()$ 表示使用 K_i 对称加密；

（2）U_i 解密 $\mathrm{Enc}_{K_i}(fr)$，得到 fr，任选 $r_1,\cdots,r_{96}$，计算 $R_j=h(r_j\parallel fr)$，$C_j=\mathrm{Enc}_{K_i}(R_j\parallel r_j\parallel TS_j)(j=1,\cdots,96)$，其中 TS_j 为数据采集的时刻，如 $0\!:\!00,\cdots,23\!:\!45$；它们被存储在智能电表中，如表 8.2 所示。

表 8.2　LAC 协议中智能电表的存储数据

0:00	r_1	R_1	C_1
0:15	r_2	R_2	C_2
⋮	⋮	⋮	⋮
23:45	r_{96}	R_{96}	C_{96}

（3）基于 96 个点 $(1,C_1)$，$\cdots$，$(96,C_{96})$，U_i 生成多项式 $f(x)=a_0+\cdots+a_{95}x^{95}$，然后 U_i 将 $f(x)$ 的系数加密，并将 $\text{Enc}_{K_i}(a_0\parallel\cdots\parallel a_{95})$ 发送给 NG。$f(x)$ 在后一阶段用于 NG 对 U_i 的认证。

3. 数据传输阶段

U_i 每 15 分钟生成一份电力消耗报告，记为 D_1，D_2，$\cdots$，D_{96}。按照当前的时间 $TS_j(j=1,\cdots,96)$，U_i 从表 8.2 中取出相应的 R_j，计算 $S_j=D_j\oplus R_j$。随后，U_i 发送 $U_i\parallel C_j\parallel S_j$ 给 NG。

NG 收到 $U_i\parallel C_j\parallel S_j$ 后，执行如下操作以验证消息来源并得到电力数据：

（1）NG 验证等式 $C_j=f(j)$ 是否成立，如果不成立，丢弃收到的消息，否则，接收该消息；

（2）NG 计算 $\text{Dec}_{K_i}(C_j)$ 得到 $R_j\parallel r_j\parallel TS_j$，检查 TS_j 是否过期，如果是，则丢弃该数据，否则，继续下一步骤；

（3）NG 检查等式 $R_j=h(r_j\parallel fr)$ 是否成立，如果成立，则 NG 确信 fr 参与了 R_j，C_j 和 $f(x)$ 的生成，否则，认为 R_j，C_j 以

及 $f(x)$ 是非法的;

（4）NG 计算 $D_j = S_j \oplus R_j$，检查 D_j 是否符合预定的格式，如果是，相信数据完整性没有被破坏，否则，丢弃该数据。

LAC 如图 8.2 所示。

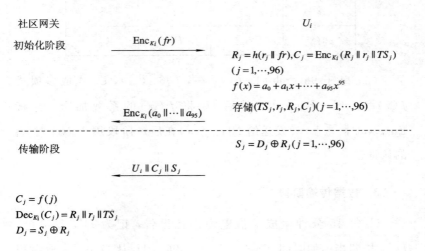

图 8.2　LAC 协议

在 LAC 中，由于 x 坐标 $x = 1$，$\cdots$，96 是确定的，NG 收到 $f(x)$ 后能推导出全部 $C_j (j = 1, \cdots, 96)$。因此，NG 能在每日初始化阶段得到 R_j，$r_j (j = 1, \cdots, 96)$。在 NG 是可信任的前提下，LAC 是安全的。

为了使 LAC 更具健壮性，本章给出改进版的 LAC-1 协议：

（1）在每日初始化阶段，生成通过 (r_1, C_1)，$\cdots$，(r_{96}, C_{96}) 的多项式 $f(x)$，而非通过 $(1, C_1)$，$\cdots$，$(96, C_{96})$ 的多项式；

（2）在数据传输阶段，U_i 发送 $U_i \parallel r_j \parallel C_j \parallel S_j$ 而非 $U_i \parallel C_j$ $\parallel S_j$ 给 NG；

（3）NG 计算 $C_j = f(r_j)$，并对 C_j 解密得到 r_j。如果收到的 r_j 等于解密得到的 r_j，NG 可确信 U_i 是合法的。

在此情形下，NG 无法再提前得到 R_j，$r_j(j = 1, \cdots, 96)$，这对于提高协议的健壮性具有积极作用。

类似于 Li 协议，LAC 仅实现了从用户 U_i 到社区网关 NG 的安全通信，下面给出的 LAC-2 协议，可以实现双向安全通信。

为简单起见，在假设智能电表每 15 分钟采集一次数据的基础上，同时假设每天社区网关向智能电表发送 4 次控制信息。

（1）在每日初始化阶段的第三个步骤，U_i 再任选 4 个随机数 r_{97}，r_{98}，r_{99}，r_{100}，然后生成过 $(1, C_1)$，$\cdots$，$(96, C_{96})$ 和 $(97, r_{97})$，$(98, r_{98})$，$(99, r_{99})$，$(100, r_{100})$ 的多项式 $f(x)$，其中 $(1, C_1)$，$\cdots$，$(96, C_{96})$ 是在 LAC 中的 96 个点。$f(x)$ 被加密后发送给社区网关；

（2）智能电表采集的实时数据的传输与 LAC 中的描述相同；

（3）当 NG 发送控制信息 $M_j(j = 1, 2, 3, 4)$ 时，NG 计算 $\mathrm{Enc}_{K_i}(M_j)$ 和 $f(M_j)$，并发送 $\mathrm{Enc}_{K_i}(M_j) \parallel f(M_j)$ 给 U_i；

（4）收到 NG 发送的消息后，U_i 检查等式 $f(\mathrm{Dec}_{K_i}(\mathrm{Enc}_{K_i}(M_j))) = f(M_j)$ 是否成立，如果成立，U_i 接受控制信息 $M_j = \mathrm{Dec}_{K_i}(\mathrm{Enc}_{K_i}(M_j))$，否则丢弃该信息。

LAC-2 协议如图 8.3 所示。

NG $\qquad$ U_i

初始化阶段 $\xrightarrow{\quad fr \quad}$

$R_j = h(r_j \parallel fr), C_j = \mathrm{Enc}_{K_i}(R_j \parallel r_j \parallel TS_j)$

$(j = 1, \cdots, 96)$

存储 $(TS_j, r_j, R_j, C_j)(j = 1, \cdots, 96)$

选取 $r_{97}, r_{98}, r_{99}, r_{100}$

生成 $f(x) = a_0 + a_1 x + \cdots + a_{99} x^{99}$

$\xleftarrow{\quad \mathrm{Enc}_{K_i}(a_0 \parallel \cdots \parallel a_{99}) \quad}$

- -

传输阶段 $\qquad S_j = D_j \oplus R_j (j = 1, \cdots, 96)$

$\xleftarrow{\quad U_i \parallel C_j \parallel S_j \quad}$

$C_j = f(j)$

$\mathrm{Dec}_{K_i}(C_j) = R_j \parallel r_j \parallel TS_j$

$D_j = S_j \oplus R_j$

$\xrightarrow{\quad \mathrm{Enc}_{K_i}(M_j) \parallel f(M_j) \quad}$

$f(\mathrm{Dec}_{K_i}(\mathrm{Enc}_{K_i}(M_j))) = f(M_j)?$

图 8.3　LAC-2 协议

8.5　安全分析

　　由于 Li 协议中缺乏社区网关与用户电表间的双向认证，使得攻击者可以冒充社区网关欺骗用户 U_i，从而在后续过程中获得用户的电力使用数据，而且其他人无法发现这种攻击。在本章中，使用 AKA 技术保障社区网关和用户之间的相互认证，有效阻止冒充攻击。关于 AKA 的安全性分析，请参阅相关文献[27]。

　　下面，具体分析 LAC 如何保证了通信的机密性和完整性，而且实现了实时认证性和抗重放攻击性。

1. 机密性和完整性

机密性是数据传输的基本要求，LAC 机密性的实现基于以下事实：

（1）社区网关和用户之间的共享密钥是安全的。在基于椭圆曲线的 DH 困难性及安全 hash 函数的假设下，Sun 等人证明了生成的共享密钥是安全的。因此，有理由相信社区网关和智能电表间的 K_i 是安全的。

（2）对于攻击者来说，从旁听到的信息获得电力消费报告，在计算上是不可行的。如果攻击者想解密旁听到的 S_j，他需要得到 R_j。然而，只要 K_i 是安全的，$f(x)$，R_j 就是安全的。因此，攻击者从旁听到的 C_j，S_j 得到 R_j，D_j 在计算上是不可行的。

（3）传输数据的完整性。由于用户的电力报告有固定格式，当数据被篡改时，数据无法恢复出特定格式。如果社区网关恢复出符合格式的数据，则认为完整性得到了保障，否则，将丢弃该数据。

2. 实时认证

随着对数据采集实时性的要求，采集的时间间隔会越来越小，这意味着每天需要传输的数据量越来越大。如果没有快速的认证技术，攻击者可以通过发送大量的伪造信息来堵塞网络信道、占用计算及存储资源，这是拒绝服务攻击的主要方式。因此，对数据的认证是必需的。在 LAC 协议中，社区网关仅需检验等式 $C_j = f(j)$ 是否成立即可完成数据的认证。

具体地，假设攻击者试图发送伪造信息 $U_i \parallel C_j' \parallel S_j'$ 给社区网关。因为攻击者并不能掌握多项式 $f(x)$ 的相关知识，因此除了穷举之外，并不能提供 $f(x)$ 相应的纵坐标，因此该伪造信息无法通过社区网关的认证。

而且，即使攻击者已经得到了旁听的前面 95 个信息 $C_1 \parallel S_1$，$\cdots$，$C_{95} \parallel S_{95}$，也无法伪造最后一个认证信息 $C_{96} \parallel S_{96}$，因为少于 96 个点的值无法得到 95 次多项式的任何信息，这在信息理论意义上是安全的。

因此，攻击者无法伪造信息通过社区网关的认证。

3. 抵抗重放攻击

在 LAC 协议中，攻击者无法使用已用过的消息发起重放攻击。

由于 fr 是社区网关在每日初始化阶段选择的随机数，因此 $R_j = h(r_j \parallel fr)$，$C_j = \text{Enc}_{K_i}(R_j \parallel r_j \parallel TS_j)$（$j = 1, \cdots, 96$）的重复出现在计算上是不可行的，因此，$f(x)$ 的重复也是计算上不可行的。

假设 $U_i \parallel C_j \parallel S_j$ 已经在某个时刻 TS_1 使用过，相对应的多项式为 $f_1(x)$，攻击者试图在另一个时刻 TS_2 重复使用 C_j，而在这一时刻对应的多项式是 $f_2(x)$。当 TS_1，TS_2 不属于同一天时，由于 $f_1(x) \neq f_2(x)$，通过检查等式 $C_j = f(j)$ 可以很容易地实现验证。如果 TS_1，TS_2 属于同一天，则需通过解密 $\text{Dec}_{K_i}(C_j) = R_j \parallel r_j \parallel TS_j$ 检查时间来判断是否存在重放攻击。

综上所述，重放攻击对于 LAC 来说，是计算上不可行的。

8.6 复杂度分析

轻量级的存储及通信负担，是 LAC 的主要贡献，为了更清晰地说明这一贡献，下面先描述一下 Li 协议，如图 8.4 所示。

社区网关 用户

初始化阶段

$$C_j = \text{Enc}_{K_i}(r_j \parallel TS_j), h_j = h(C_j)$$
$$(j = 1, \cdots, 128)$$
构造 MHT
存储 $(TS_j, r_j, C_j, \text{API}_j)(j=1, \cdots, 96)$

$$\overset{\text{Enc}_{K_i}(h_{1,128})}{\longleftarrow}$$

传输阶段 $S_j = D_j \oplus R_j (j = 1, \cdots, 96)$

$$\overset{U_i \parallel C_j \parallel S_j \parallel \text{API}_j}{\longleftarrow}$$

$$h(C_j) \overset{?}{\longrightarrow} h_{1,128}$$
$$D_j = S_j \oplus R_j$$

图 8.4　Li 协议

为了加密 96 份数据，U_i 任选 128 个随机数 r_1，$\cdots$，r_{128}，计算 $C_j = \text{Enc}_{K_i}(r_j \parallel TS_j)$，$h_j = h(C_j)(j = 1, \cdots, 128)$，构造 128 个结点的 MHT，并构造 128 条 API，其中 API_j 表示从叶结点 h_j 到根结点的路径，例如 $\text{API}_1 = \{h_2, h_{3,4}, h_{5,8}, h_{9,16}, h_{17,32}, h_{33,64}, h_{65,128}\}$，这些信息以表 8.3 的形式存储在智能电表中。

表 8.3　Li 协议中的存储数据

0:00	r_1	C_1	h_2，$h_{3,4}$，$h_{5,8}$，$h_{9,16}$，$h_{17,32}$，$h_{33,64}$，$h_{65,128}$
0:15	r_2	C_2	h_1，$h_{3,4}$，$h_{5,8}$，$h_{9,16}$，$h_{17,32}$，$h_{33,64}$，$h_{65,128}$
$\vdots$	$\vdots$	$\vdots$	—
23:45	r_{96}	C_{96}	—
	$\vdots$	$\vdots$	—
	r_{128}	C_{128}	h_{127}，$h_{125,126}$，$\cdots$，$h_{1,64}$

当 U_i 使用一个叶结点加密一份电力报告并发送给社区网关时，验证路径信息 API 一并发送，如 U_i 发送 $U_i \parallel C_j \parallel S_j \parallel \text{API}_j$ 给 NG。当收到被加密的数据后，NG 验证从叶结点 $h(C_j)$ 到根结点 $h_{1,128}$ 的 hash 运算是否成立。

从图 8.2 和图 8.4 的对比可知，LAC 无论在存储还是通信负担方面，均具有较好的轻量级特征。

1. 存储负担

由于 MHT 的本身特性，使得智能电表的存储冗余无法避免，在上例中，用户 U_i 的电表需要构造一个 7 层 MHT，含有 128 个叶结点、126 个中间结点和 1 个根结点，都需要被存储，而其中只有 96 个叶结点被用于加密。如果数据采集的间隔降为 1 分钟，则需要 11 层的 MHT，相应的有 2048 个叶结点、2047 个中间结点和 1 个根结点。在这两种情况下，有效存储均不到 40%，显然，基于 MHT 的方案不适合有限存储能力的智能电表。

另外，用于验证的 API 也占据了较高比例的存储空间，对 128 个叶结点的 MHT，每个 API 包含 7 个 hash 值，在表 8.3 中占据了 70% 的存储空间。如果是 11 层的 MHT，则这个比例接近 80%。

而在 LAC 中，U_i 仅需存储用于加密的随机数和该随机数的密文即可，这极大的降低了存储负担。

假设随机数的长度为 l_1，hash 值的长度为 l_2，对称加密的密文输出长度为 l_3。在一天发送 96 份电力数据的前提下，LAC 需要存储 96 个随机数 $r_i(i=1,\cdots,96)$，6 个 hash 值 $R_i(i=1,\cdots,96)$ 以及 96 个对称加密的密文 $C_i(i=1,\cdots,96)$，综合的存储负担

为 $96\times(l_1+l_2+l_3)$。然而 Li 协议则需要存储 96 个随机数 $r_i(i=1,\cdots,96)$，96 个对称加密密文 $C_i(i=1,\cdots,96)$ 以及 $96\times7=672$ 个 hash 值，综合的存储负担为 $96\times(l_1+l_3)+672\times l_2$。

2. 通信负担

通信负担对于智能终端电力消耗的影响最为重要。在 Li 协议中，U_i 发送 $U_i\parallel C_j\parallel S_j\parallel \mathrm{API}_j$ 给社区网关，其中 C_j，S_j 用于解密，API_j 用于验证消息来源。类似于存储负担，API_j 的传输占据了通信流量的大部分。

在 LAC 中，U_i 仅需发送 $U_i\parallel C_j\parallel S_j$ 给社区网关，这对于节约智能电表的电力消耗具有重要作用。另外，在 LAC 中需要发送多项式 $f(x)$，但其消耗远低于发送 API 的消耗。在上例中，每天需要将多项式的 96 个系数前后连接并加密发送，对比每份报告所附带的含有 7 个 hash 值的 API，LAC 具有更高的存储效率。

沿袭之前存储分析中的假设，LAC 需要发送 98 个对称密文，即 $Enc_{K_i}(fr)$，$Enc_{K_i}(a_0\parallel\cdots\parallel a_{96})$，$C_1,\cdots,C_{96}$，96 个异或值 $S_j(j=1,\cdots,96)$，假设各为 l_4 比特。因此，LAC 的通信负担为 $98\times l_3+96\times l_4$，而 Li 协议的通信负担则为 $97\times l_3+96\times l_4+672\times l_2$。

3. 计算负担

假设一次 hash 运算耗时为 t_1，对称加解密的时间为 t_2，多项式生成时间为 t_3。在 LAC 中，U_i 不再需要构造 MHT，而是代之以生成多项式。多项式的计算负杂度是可忽略的，因为其中不需要任何密码学难度上的运算，其综合计算负担为 $96\times t_1+96\times t_2$

$+t_3$，包括 96 次 hash 运算，96 个对称加密，1 个对称解密，1 个多项式生成。与此相对应的，Li 协议需要计算 255 个 hash 运算以完成 MHT 的构造，还需要进行 129 个对称加密，$C_j = Enc_{K_i}(r_i \parallel TS_j)$，$Enc_{K_i}(h_{1,128})$，共需耗时 $255 \times t_1 + 129 \times t_2$。

4. 性能仿真

本章使用 Crypto++ 库[29] 对 LAC 和 Li 协议进行性能评估。在 LAC 中，$f(x) = a_0 + \cdots + a_{95}x^{95}$ 是过 $(1, C_1)$，$\cdots$，$(96, C_{96})$ 的多项式，从 8.3 节可知，

$$\begin{bmatrix} a_0 \\ a_1 \\ \vdots \\ a_n \end{bmatrix} = \begin{bmatrix} 1 & 1 & \cdots & 1 \\ 1 & 2 & \cdots & 2^{95} \\ \vdots & \vdots & & \vdots \\ 1 & 96 & \cdots & 96^{95} \end{bmatrix}^{-1} \begin{bmatrix} C_1 \\ C_2 \\ \vdots \\ C_{96} \end{bmatrix} \tag{8.2}$$

其中 $\begin{bmatrix} 1 & 1 & \cdots & 1 \\ 1 & 2 & \cdots & 2^{95} \\ \vdots & \vdots & & \vdots \\ 1 & 96 & \cdots & 96^{95} \end{bmatrix}^{-1}$ 可以事先计算并存储在智能电表中。

可以看出，$f(x)$ 的生成仅需计算一个矩阵和一个向量的乘积。另外，用 SHA-256 作为 hash 函数，用 AES 用作对称密码算法。经测试可得，LAC 的 96 次 SHA-256、97 次 AES 以及 1 次多项式生成分别耗时 0.175 ms、0.403 ms 以及 0.005 ms。Li 协议中的 255 SHA-256，129 AES 分别耗时 0.412 ms 和 0.451 ms。以上测试在 CPU 为 2.5 GHz 的 PC 机上运行 100 万次，并取平均值。性能分析如表 8.4 所示。

表 8.4 LAC 与 Li 协议性能对比

	LAC	Li 协议
存储负担	$96 \times (l_1 + l_2 + l_3)$	$96 \times (l_1 + l_3) + 672 \times l_2$
通信负担	$98 \times l_3 + 96 \times l_4$	$97 \times l_3 + 96 \times l_4 + 672 \times l_2$
计算负担	$96 \times t_1 + 96 \times t_2 + t_3$	$255 \times t_1 + 129 \times t_2$
终端运算耗时	0.18 ms+0.40 ms +0.005 ms	0.412 ms+0.451 ms

第 9 章　总结与下一步计划

　　基于 Shamir 的秘密分享理论，本书研究了具有轻量级的密码协议，包括群组通信中的密钥分发协议、微支付协议、电子彩票协议、电子投票协议以及智能电网中的通信协议等。主要贡献在于：用具有信息理论意义上安全的秘密分享为工具，保障协议公平性的实现。而且由于只需通过多项式的构造与代入运算即可实现，使得协议具有高效性与可靠性。

　　信息安全协议不仅局限于传统的通信、电子商务等领域，而且随着通信电子技术的发展，体域网、车载网、植入式医疗设备等领域也正面临前所未有的机遇，而其中的安全问题同样不容忽视。有些安全协议漏洞造成的危害可能是致命的，比如车载网探测与前车距离、植式入医疗设备停止工作等。而这些协议同样也要求具有轻量级、低负载等基本特征，与本书研究有共同之处。

　　因此，在接下来的工作中，将不断探索专用网络环境下的安全协议的设计与分析。

参 考 文 献

[1] Shamir A. How to Share a Secret. Comm. ACM: 1979, 22(11): 612 – 613.

[2] Pedersen T P. Non-Interactive and Information-Theoretic Secure Verifiable Secret Sharing. Advances in Cryptology-Crypto' 91. LNCS: 1991, 576: 129 – 140.

[3] Yining Liu, Jihong Yan. A Lightweight Micropayment Scheme Based on Lagrange Interpolation Formula. Security and communication networks: 2013, 6(8), 955 – 960.

[4] Bohli J -M, Müller-Quade J, Röhrich S. Bingo Voting: Secure and Coercion-Free Voting Using a Trusted Random Number Generator. E-Voting and Identity. LNCS: 2007, 4896: 111 – 124.

[5] Li C H, Pieprzyk J. Conference Key Agreement from Secret Sharing. Proc. Fourth Australasian Conf. Information Security and Privacy. ACISP '99: 1999, 1587: 64 – 76.

[6] Saze G. Generation of Key Predistribution Schemes Using Secret Sharing Scheme. Discrete Applied Math: 2003, 128: 239 – 249.

[7] Katz J, Yung M. Scalable Protocols for Authenticated Group Key Exchange. Advancesin Cryptology: 2007, 20: 85 – 113.

[8] Yining Liu, Chi Cheng, Jianyu Gao, et al. An Improved Authenticated Group Key Transfer Protocol Based on Secret Sharing. IEEE Transac-

tions on Computers: 2013, 62(11): 2335 – 2336.

[9] Harn L, Changlu Lin. Authenticated Group Key Transfer Protocol Based on Secret Sharing. IEEE Trans. Computers: 2010, 59(6): 842 – 846.

[10] Overbey J, Traves W, Wojdylo J. On the Keyspace of the Hill Cipher. Cryptologia: 2005, 29(1): 59 – 72.

[11] Rivest RL, Shamir A. PayWord and MicroMint: Two Simple Micropayment Schemes. LNCS: 1997, 1189: 69 – 87.

[12] Rivest RL. Electronic lottery tickets as micropayments. In Proceedings of Financial Cryptography'97. LNCS: 1997, 1318: 307 – 314.

[13] Micali S, Rivest RL. Micropayment Revisited. Lecture Notes in Computer Science. Berlin Heidelberg New York: Springer-Verlag, 2002, 2271: 149 – 163.

[14] Goldschlag DM, Stubblebine SG. Publicly Verifiable Lotteries: Application of Delaying Functions. Financial Cryptography. Lectures in Computer Science: 1998, 1465: 214 – 226.

[15] Lee JS, Chang CC. Design of electronic t-out-of-n lotteries on the Internet. Computer Standard & Interfaces: 2009, 31(2): 395 – 400.

[16] Yining Liu, Danzhu Lin, et al. An Improved t-out-of-n E-Lottery Protocol. International Journal of Communication Systems. DOI: 10.1002/dac.2536.

[17] Yining Liu, Chi Cheng, Tao Jiang, et al. A Practical Lottery Using Oblivious Transfer. International Journal of Communication Systems. DOI: 10.1001/dac.2825.

[18] Bohli J M, Müller-Quade J, Röhrich S. Bingo Voting: Secure and Coercion-Free Voting Using a Trusted Random Number Generator.

Proc. VOTE-ID 2007. LNCS: 2007, 4896: 111 - 124.

[19] Bohli J M, Henrich C, Kempka C, et al. Enhancing electronic voting machines on the example of Bingo voting. IEEE Transactions on Information Forensics and Security: 2009, 4: 745 - 750.

[20] Henrich C. Improving and Analysing Bingo Voting. PhD thesis. University of the State of Baden-Wuerttemberg: 2012.

[21] Rivest R, Wack J. On the Notion of "Software Independence" In Voting Systems. 2006, Available at: http://vote. nist. gov/SI-invoting. pdf.

[22] Chaum D. Untraceable Electronic Mail, Return Addresses, and Digital Pseudonyms. Commun. ACM: 1981, 24(2): 84 - 88.

[23] Fouda M, Fadlullah Z, Kato N, et al. A Lightweight Message Authentication Scheme For Smart Grid Communications. IEEE Transactions on Smart Grid: 2011, 2(4): 675 - 685.

[24] Rongxing Lu, Xiaohui Liang, Xu Li, et al. EPPA: An Efficient and Privacy-Preserving Aggregation Scheme for Secure Smart Grid Communications. IEEE Transactions on Parallel and Distributed Systems: 2012, 23(9): 1621 - 1631.

[25] Hongwei Li, Rongxing Lu, Liang Zhou, et al. An Efficient Merkle-Tree-Based Authentiation Scheme for Smart Grid. Appear in IEEE Systems Journal.

[26] Merkle R. Protocols for Public Key Cryptosystems. Proc. IEEE Symp. Security and Privacy: 1980, 122 - 134.

[27] Mullen G, Mummert C. Finite Fields and Applications. American Mathematical Society: 2007.

[28] Dazhi Sun, Jinpeng Huai, Jizhou Sun, et al. Improvement of Junag

et al. 's Password-Authenticated Key Agreement Scheme Using Smart Card. IEEE Transactions on Industrial Electronics，2009，56（6）：2284-2291.

[29]　Available at：http://www.cryptopp.com

图书在版编目(CIP)数据

基于秘密分享的信息安全协议/刘忆宁著．—西安：西安电子科技大学出版
社，2015.6

ISBN 978 - 7 - 5606 - 3698 - 6

Ⅰ．① 基…　Ⅱ．① 刘…　Ⅲ．① 信息安全—通信协议　Ⅳ．① TP393.08

中国版本图书馆 CIP 数据核字(2015)第 105386 号

策　　划　陈婷

责任编辑　陈婷　马琼

出版发行　西安电子科技大学出版社(西安市太白南路2号)

电　　话　(029)88242885　88201467　邮　　编　710071

网　　址　www.xduph.com　电子邮箱　xdupfxb001@163.com

经　　销　新华书店

印刷单位　陕西天意印务有限责任公司

版　　次　2015 年 6 月第 1 版　2015 年 6 月第 1 次印刷

开　　本　850 毫米×1168 毫米　1/32　印张 3.25

字　　数　62 千字

印　　数　1～1000 册

定　　价　10.00 元

ISBN 978 - 7 - 5606 - 3698 - 6/TP

XDUP 3990001 - 1

＊＊＊如有印装问题可调换＊＊＊

本社图书封面为激光防伪覆膜，谨防盗版。